高职高专计算机规划教材·任务教程系列

C 语言程序设计任务驱动教程

主　编　许洪军　贺　维
副主编　宋春晖　吴秀莹　张　洪
主　审　乔佩利

中国铁道出版社有限公司
CHINA RAILWAY PUBLISHING HOUSE CO., LTD.

内 容 简 介

本书以培养学生软件应用与开发能力和编程技能为目标，以"任务驱动式"教学法为施教主线，使学生带着问题学，学习目标更加明确和具体。

全书共分 11 章，以 Visual C++ 6.0 为环境，讲述 C 语言程序设计的基础知识和编程方法。本书针对高等职业院校学生对本学科知识接受的实际程度，对教材的内容通过任务进行较大幅度的整合，编写方法别具一格，做到了"难易适中、实用性强"。前 10 章主要讲解 C 语言各部分基础知识，每章知识又划分为若干个任务，教学时以任务实现为教学主线，在掌握知识的同时，也掌握其应用方式。第 11 章通过综合案例图书管理系统对 C 语言知识进行整合，锻炼学生的知识综合应用能力。本书内容新颖、体系合理、应用性强、通俗易懂。

本书适合作为高职高专院校 C 语言程序设计课程教材，也可作为 C 语言的培训教材和自学用书。

图书在版编目（CIP）数据

C 语言程序设计任务驱动教程/许洪军，贺维主编.
—北京：中国铁道出版社，2016.1（2020.9 重印）
高职高专计算机规划教材. 任务教程系列
ISBN 978-7-113-21380-0

Ⅰ．①C… Ⅱ．①许… ②贺… Ⅲ．①C 语言—程序设计—高等职业教育—教材 Ⅳ．①TP312

中国版本图书馆 CIP 数据核字(2016)第 005854 号

书　　　名：C 语言程序设计任务驱动教程
作　　　者：许洪军　贺　维

策　　　划：翟玉峰	编辑部电话：(010) 63551006

责任编辑：翟玉峰　冯彩茹
封面设计：大象设计·小戚
封面制作：白　雪
责任校对：王　杰
责任印制：樊启鹏

出版发行：中国铁道出版社有限公司（100054，北京市西城区右安门西街 8 号）
网　　址：http://www.tdpress.com/51eds/
印　　刷：北京虎彩文化传播有限公司
版　　次：2016 年 1 月第 1 版　　2020 年 9 月第 6 次印刷
开　　本：787 mm×1 092 mm　1/16　印张：15.5　字数：375 千
印　　数：7 501～8 000 册
书　　号：ISBN 978-7-113-21380-0
定　　价：33.00 元

前 言

FOREWORD

C 语言是当今影响和使用最广泛的程序设计语言，它兼有高级语言和低级语言的特点，既可用于编写应用软件，又可用来编写系统软件，是除汇编语言外执行效率最高的计算机程序设计语言。

C 语言结构简单、使用灵活，非常适合作为程序设计学习的入门级语言。本书的编写目的是按照计算机软件编程领域对低端编程的技能要求，结合高职院校计算机专业对学生的培养方向，遵循"以职业岗位能力需求为本位"的编写思路，旨在培养应用 C 语言进行大量基础性编程工作的低端编程技能型人才。

本书由多位长期从事高职教育，又具有软件开发经验的高职院校骨干教师共同编写。针对传统教材体系建设仍不能满足职业教育的发展需要，本书采用"任务驱动式"编写体例，针对高职院校学生学习 C 语言易出现的具体问题进行精心设计，由浅入深、逐步推进，使学生能够轻松掌握 C 语言的语法知识，逐步提高阅读程序、调试程序、编写程序的技能。本书的基本特点如下：

（1）采用"任务驱动式"体例，将知识点与实际应用结合，学生在学习语法的同时，能够了解其具体应用。

（2）结合实例消化语法知识，使语法不再晦涩难懂。

（3）程序分析详细，注重编程思想引导。

（4）点拨难点，直接领会问题的关键。

为兼顾理论与实践教学，本书设计了大量的任务与应用示例，所有程序的源代码都通过 Visual C++ 6.0（简称 VC++ 6.0）实际测试，并且任务案例均附上运行结果界面。在第 1 章首先介绍了 VC++ 6.0 的使用方式，便于读者熟悉 VC++ 6.0。

本书由许洪军（黑龙江农业工程职业学院）、贺维（黑龙江农业工程职业学院）任主编，宋春晖（黑龙江农业工程职业学院）、吴秀莹（黑龙江农业工程职业学院）、张洪（黑龙江农业工程职业学院）任副主编，其中许洪军负责全书的修改、扩充、统稿工作。各章编写分工如下：第 1 章、第 9 章、第 10 章由贺维编写；第 2 章、第 3 章由张洪编写；第 4 章、第 6 章由宋春晖编写；第 5 章由许洪军编写；第 7 章、第 8 章、第 11 章由吴秀莹编写。本书由哈尔滨理工大学计算机控制学院教授、博士生导师乔佩利主审。在编写的过程中，彭德林（黑龙江司法警官学院）、金忠伟（黑龙江职业学院）、解辰光（黑龙江金融学院）、郭东强（黑龙江商务职业学院）、张鹏（哈尔滨理工大学）、秦丙忠（中信银行信息技术管理部）、陈源（黑龙江海康软件工程有限公司）、张广灵（哈尔滨师范大学）、赵洪刚（中国电信股份有限公司黑龙江分公司）、孙齐（甲骨文哈尔滨实训中心）对本书的编写提出了很多宝贵建议，在此一并表示感谢。

由于编者水平有限，加之时间仓促，书中难免存在疏漏和不足之处，恳请广大读者批评指正。

编 者
2015 年 10 月

目　录

第1章

初识 C 语言

在众多的编程语言中，C 语言以其结构化、模块化风格，层次清晰、数据处理能力强，运算符和数据类型丰富，良好的移植性等特点，被广泛地应用到各个领域。适合于编写系统软件及应用软件，是风靡全球的计算机语言。

Visual C++ 6.0 是美国微软公司推出的一款 C/C++ 编译器，是目前使用普遍的 C 语言版本，具有方便、直观、易用的界面和丰富的库函数，向用户提供了集成环境，把程序的编辑、编译、连接和运行等操作集中在一个界面上进行，使用十分方便。VC++ 6.0 已成为专业程序员进行软件开发的首选工具。

任务 1 关 机 程 序

任务描述

本任务设计完成一个计算机关机软件。程序运行后，计算机自动处于关机倒计时（120 s），当用户输入正确的指令后计算机解除关机状态，否则到达时间后计算机自动关机。

知识准备

C 语言作为一种计算机高级语言，既有一般高级语言的特性，又具有一定的低级语言特殊性，所以它既适合编写系统程序又适合编写应用程序，已在国际上广泛流行。为了能够编写出合法的 C 语言程序，需要了解 C 语言的基本使用规则。

一、C 语言的历史背景

C 语言是 1972 年由美国的 Dennis Ritchie 设计开发，并首次在 UNIX 操作系统的 DECPDP–11 计算机上使用的。C 语言的前身是 ALGOL 语言，1963 年英国剑桥大学在 ALGOL 语言的基础上增添了处理硬件的能力，并命名为 CPL。CPL 由于规模大，学习和掌握困难，所以没有流行起来。1967 年剑桥大学的 Matin Richards 对 CPL 语言进行简化，推出了 BCPL，1970 年美国贝尔实验室的 K.Thompson 对 BCPL 进行了进一步简化，突出了硬件处理能力，并取了 "BCPL" 的第一个字母 "B" 作为新语言的名称。1972 年贝尔实验室的 Brain W.Kernighan 和 Dennis M.Richie 对 B 语言进行了完善和扩充，并取了 "BCPL" 的第二个字母 "C" 作为新语言的名称，此时 C

语言便应运而生。

二、利用 VC++ 6.0 开发 C 程序的基本过程

1. 启动 VC++ 6.0 应用程序

可通过 Windows 的"开始"菜单或者桌面快捷方式运行 VC++ 6.0 应用程序，程序运行后的界面如图 1-1 所示。

图 1-1　VC++ 6.0 运行默认界面

2. 创建工程

VC++ 6.0 规定，任何源程序必须属于一个工程，因此，需要先建立一个空的工程，过程如下。单击"文件"→"新建"命令，会弹出如图 1-2 所示的对话框。

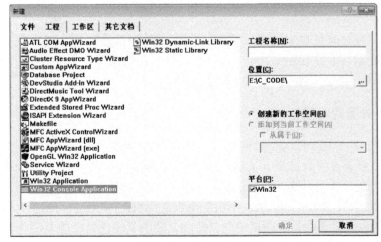

图 1-2　"新建"对话框

选择创建 Win32 Console Application 工程，并输入要创建的工程名称，选择工程所在的位置，确定无误后单击"确定"按钮，会弹出如图 1-3 所示的"Win32 Console Application"对话框。

图 1-3 "Win32 Console Application"对话框

选择一个空的工程，单击"完成"按钮，会弹出如图 1-4 所示的"新建工程信息"对话框。

选择确定就完成了一个 Win32 Console Application 工程创建，会出现如图 1-5 所示的项目创建后的界面。

图 1-4 "新建工程信息"对话框

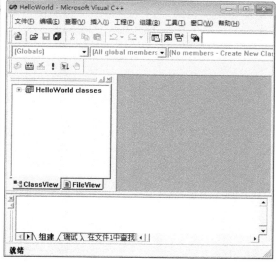

图 1-5 项目创建后的界面

3. 创建 C 语言源文件

单击"文件"→"新建"命令，会弹出如图 1-6 所示的创建当前工程中不同文件的对话框。

选择创建"C++ Source File"文件，并选择该文件要添加到的工程名称，填写该文件的名称，注意文件后缀设置为".c"类型，即为 C 语言源文件，确定无误后单击"确定"按钮，会出现如图 1–7 所示的程序编写界面。

图 1–6　创建文件界面

图 1–7　VC++ 6.0 程序编写界面

4. 编写 C 语言程序

根据不同需求完成 C 源代码的编写，单击如图 1–8 的"Compile"（编译）按钮，如果编译成功，会在下方的输出界面显示"源文件名.obj – 0 error(s), 0 warning(s)"。

图 1-8 源文件的编译

这时，单击图 1-9 中的"Build"（组建）按钮，如果程序组建成功，会在下方的输出界面显示"源文件名.exe – 0 error(s), 0 warning(s)"。

注 意

即使有一些 warning(s)信息，程序也是可以编译成功的。

图 1-9 源文件的组建

5. 运行C语言程序

如果程序通过组建，想要查看程序的运行效果时，可单击图 1-10 的"BuildExecute"（运行）按钮，程序如果能正常运行，就会弹出如图 1-11 所示的为编写程序的运行界面。

注 意

也可以进入该程序的工程文件夹，在对应的 debug 文件下找到对应的.exe 文件，直接执行。

图 1-10 应用程序的运行

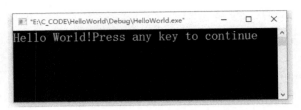

图 1-11　程序运行界面

> **注　意**
>
> VC++ 6.0 的获得，可以通过百度完成搜索和下载 VC++ 6.0 绿色精简版，并根据提示执行对应的安装命令即可。

三、VC++ 6.0 开发环境

如图 1-12 所示为 VC++ 6.0 基本界面说明，主要包含 5 部分功能，分别是菜单栏、工具栏、工作区窗口、编辑窗口、输出窗口。

图 1-12　VC++ 6.0 界面说明

菜单栏：包含文件、编辑、查看、插入、工程、组建、工具、窗口、帮助等命令，包含 VC++ 6.0 所能提供的所有功能。

工具栏：显示工程在开发过程中常用的一些工具选项。

工作区窗口：以树形结构列出当前工程所包含的所有成分。

编辑窗口：可以同时有多个编辑窗口，用来编译程序代码。

输出窗口：用来显示程序编译、组建过程信息。

> **注　意**
>
> 通过快捷键的使用，能够快速有效地对 C 程序进行编译与执行，如表 1-1 所示为 VC++ 6.0 在进行 C 语言开发时常用的快捷键。

表 1-1　Visual C++ 6.0 常用的快捷键

快　捷　键	功　　能
Ctrl+N	新建工程、文件
Ctrl+S	保存源程序文件
Ctrl+F7	编译当前工程
F7	组建工程
Ctrl+F5	执行程序
Ctrl+Break	停止编译
F5	开始或继续程序
Alt+F8	以 C 语言的风格格式化代码

四、C 程序的构成

（1）C 程序是函数构成的，其基本单位是函数。

（2）一个 C 程序由一个或多个函数组成，但其中必须有且只能有一个主函数即 main( )。

（3）一个函数由函数的首部和函数体两部分组成。函数的首部包括函数名、函数类型、形式参数。函数的格式如下：

```
函数类型_函数名（[形式参数]）
{
    函数体
}
```

（4）函数名后必须有对圆括号"( )"，这是函数的标志，如 main( )，printf( )。

（5）函数体必须由一对花括号"{ }"括起。一个函数至少有一对花括号，若有多个花括号，则最外层的一对为函数体的范围。可以没有函数体，这样的函数称为空函数。

（6）C 语言本身没有输入/输出语句。输入和输出的操作是由库函数 scanf()和 printf()等函数来完成的。

五、C 程序的特点

（1）C 程序中所有函数的位置都是任意的，但总是从主函数开始执行到主函数结束。

（2）一行内可以写多条语句，一条语句也可写在多行上，用"\"做续行符。

（3）分号";"是 C 语句的必要组成部分，即每条语句都必须以分号结束。

（4）可以用/*……*/对程序中的任何部分作注释，其作用是增强程序的可读性。给程序加上必要的注释是好的编程习惯。

六、C 程序的运行过程

（1）程序编辑：完成源程序的录入、修改与保存。生成扩展名为".c"的 C 语言源文件。

（2）程序编译：计算机不能直接执行用高级语言编写的源程序，必须将源程序翻译成二进制目标程序。翻译工作是由编译程序完成的，翻译的过程称为编译，编译的结果称为"目标程序"，目标程序文件的扩展名为".obj"。编译阶段还对源程序进行语法检查。

（3）程序组建：程序编译成目标程序后，便可进行连接。"连接"的目的是使程序变成在计算机上可以执行的最终形式。在这一阶段，系统程序库中的程序要与目标程序连接，形成可执行文件，其文件扩展名为".exe"。

（4）程序运行：运行可执行文件，从而得到运行结果。若得不到正确的结果，必须修改源程序，重新编译和连接；若能得到正确结果，则整个过程顺利结束。每一步骤均可能通过菜单操作或快捷键操作实现，具体执行步骤及功能如图 1-13 所示。

图 1-13　C 程序运行过程

七、C 程序的代码编写规范

本书限于篇幅，未严格按此规范编写代码，但实际编程中，为了代码清晰，尽量按此规范编写。

（1）相对独立的程序块之间要加空行分隔，在每个函数定义结束之后都要加空行，变量声明与执行代码之间加空行分隔。

（2）代码都要采用缩进风格。每次缩进一个制表符宽度，或者缩进 2 个或 4 个空格宽度，代码中应统一使用制表符或空格来进行缩进，不可混用，否则在使用不同的源代码阅读工具时制表符将因为用户设置的不同而扩展为不同的宽度，造成显示混乱。

（3）较长的语句（≥60 字符）要分成多行书写。

（4）一行代码只做一件事情，例如只定义一个变量，或只写一条语句，这样的代码容易阅读，并且便于写注释。不建议把多个短语句写在一行中。

（5）if、for、do、while、case、switch、default、continue、extern、return、typedef 等语句自占一行，且 if、for、do、while 等语句的执行语句部分无论多少都要用花括号括起来。

（6）源程序有效注释量必须在 20% 以上。注释应尽量采用 C 的注释风格，即使用/*　*/。

（7）整段程序注释放于要注释代码段上方，需与其上面的代码用空行隔开；某一个语句的注释放于代码行的右侧。

（8）在常量名字声明后应对该名字做适当注释，注释说明的要点是被保存值的含义。

（9）标识符的命名要清晰、明了，有明确含义，同时使用完整的单词或大家基本可以理解的缩写，避免使人产生误解。命名中使用特殊约定或缩写时，要有注释说明。

①　变量的名字应当使用"名词"或者"形容词 + 名词"。全局函数的名字应当使用"动词""动词 + 名词"或者"动词 + 副词（动词短语）"的形式。

② 静态变量要加前缀 s_（表示 static），全局变量要加前缀 g_（表示 global），类的数据成员要加前缀 m_（表示 member），常量要加前缀 c_（表示 const）或使用全大写加下画线的形式。

③ 结构名用首字母大写的单词组合而成，结构名也可以用全大写单词加下画线分隔组成。结构名以_Stru 为后缀，以区分函数名；全大写单词加下画线的结构名要以_STRU 为后缀。

（10）对于变量命名，尽量使用完整的单词而不是缩写；禁止取单个字符（如 i、j、k、…），但 i、j、k 可以作为局部循环变量，p 可以作为指针，x、y 可以作为坐标变量。

知识应用

（1）在屏幕上显示 "HELLO WORLD!"。

```
#include <stdio.h>          /*当前程序包含标准输入/输出信息库*/
main()
{
    printf("HELLO WORLD!");     /*标准输出语句，向屏幕上打印双引号内信息*/
}
```

（2）在屏幕上显示一个小猪的卡通形象。

```
#include <stdio.h>
main()
{
    printf("  ⌒⌒⌒  \n");       /*\n 是转义字符，表示换行*/
    printf("{/ o   o /}\n");
    printf("  ( (oo) )\n");
    printf("   ⌒⌒⌒   \n");
}
```

（3）在屏幕上做一个简单的刷屏程序。

```
#include <stdio.h>
main()
{
    /*while 是循环语句，控制循环内语句反复执行*/
    while(1)
        printf("刷屏幕啦～! ");
}
```

任务实施

一、任务流程分解

游戏流程描述：程序开始执行后，程序会自动执行计算机关机命令（倒计时 120 s），要求用户输入正确的关机解除口令（123），当输入正确时，解除计算机关机，否则继续执行关机命令。

① 程序初始化分析：产生计算机关机命令，定义关机解除命令存储空间。

② 数据录入分析：用户录入关机解除命令。

③ 数据处理分析：用户输入命令和用户预设命令比较。

④ 输出结果分析：

结果 1：用户输入命令和用户预设命令相同，执行解除关机命令。

结果 2：用户输入命令和用户预设命令不相同，继续运行关机命令。

二、知识扩展

调用系统命令 system()

（1）包含头文件：stdlib.h。所谓文件包含，是指在一个文件中将另一个文件的全部内容包含进来。文件包含命令的功能是把指定的文件插入该命令行的位置取代该命令行，从而把指定的文件包含进当前的源程序文件中，并连成一个源文件。文件包含命令在程序设计中是很有用的。一个大的程序可分为多个模块，由多个程序员分别编程。一些公用的符号常量或宏定义等可单独组成文件，在其他文件的开头用包含命令包含该文件即可。这样可避免在每个文件开头都去书写那些公用量，从而减少出错，并节省时间。

文件包含的一般形式：

```
#include "文件名"
```

或

```
#include <文件名>
```

包含使用注意事项：

① 一个 include 命令只能指定一个被包含文件，如果有多个文件需要包含，则要用多个 include 命令。

② 一般#include 命令用于包含扩展名为 ".h" 的 "头文件"，如 stdio.h、string.h、math.h 等，在这些文件中，一般定义符号常量、宏或声明函数原型，也可以包含用其他后缀或没有后缀的文件。

③ 包含命令中的文件名可以用尖括号括起来，也可以用双引号括起来。例如以下写法都是允许的：

```
#include "stdio.h"
#include <format.h>
```

但是两者也有区别：使用尖括号表示仅在包含文件目录中去查找（包含目录是由用户在设置环境时设置的）；使用双引号则表示首先在当前的源文件目录中查找，如果没有找到才到包含目录中去查找。

④ 文件包含允许嵌套，即在一个被包含的文件中又可以包含另一个文件。例如，如果文件 file1.c 包含文件 file2.h，而文件 file2.h 又包含文件 file3.h，可在文件 file1.c 中用两个 include 命令分别包含文件 file3.h 和文件 file2.h，而且文件 file3.h 的包含命令应在文件 file2.h 的包含命令之前。

（2）使用方式：system("系统命令")。

（3）系统命令中，shutdown –t 时间 –s 表示根据时间（秒）进行关机倒计时；系统命令中，shutdown –a 表示解除关机命令。

三、代码实现

```
#include <stdio.h>
#include <stdlib.h>
main()
{
    int password;                        /*定义输入密码的存储变量*/
```

```
    system("shutdown -t 120 -s");        /*120秒后关闭计算机*/
    printf("请输入正确口令: ");           /*提示信息*/
    scanf("%d",&password);               /*录入口令*/
    if(password==123)                    /*判断录入口令与预设口令是否相同*/
        system("shutdown -a");           /*相同时解除关机*/
}
```

四、结果演示

程序结果演示如图1-14所示。

即将注销你的登录

Windows 将在 2 分钟后关闭。

2015年11月8日 18:50:29 开始关闭。

关闭(C)

请输入正确口令: 123
Press any key to continue

图1-14　演示结果界面

本 章 小 结

　　本章重点内容为掌握C语言运行环境、C语言的基本单位、C程序的构成。C语言的基本单位是函数，一个函数由两部分组成，函数的首部与函数体。一个C程序总是从main()函数开始执行的。

　　本章难点内容为C程序的运行过程，主要包括编辑、编译、连接和运行；编译源程序时单击"Compile"按钮，则进行编译，得到一个扩展名为.obj的目标程序。然后再单击"Build"按钮，进行连接操作，可得到一个扩展名为.exe的可执行文件。也可通过单击"BuildExecute"按钮，实现程序的编译和运行测试。

练 习 题

一、选择题

1. 一个C程序的执行是从（　　　）。
   A. 本程序的main()函数开始，到main()函数结束
   B. 本程序文件的第一个函数开始，到本程序文件的最后一个函数结束
   C. 本程序的main()函数开始，到本程序文件的最后一个函数结束
   D. 本程序文件的第一个函数开始，到本程序的main()函数结束

2. 以下叙述正确的是（　　　）。
   A. 在C程序中，main()函数必须位于程序的最前面
   B. C程序的每行中只能写一条语句

  C.　C 语言本身没有输入/输出语句

  D.　在对一个 C 程序进行编译的过程中，可发现注释中的拼写错误

3.　以下叙述不正确的是（　　　）。

  A.　一个 C 源程序可由一个或多个函数组成

  B.　一个 C 源程序必须包含一个 main() 函数

  C.　C 程序的基本组成单位是函数

  D.　在 C 程序中，注释说明只能位于一条语句的后面

4.　C 语言规定，在一个源程序中，main() 函数的位置（　　　）。

  A.　必须在最开始　　　　　　　　　B.　必须在系统调用的库函数的后面

  C.　可以任意　　　　　　　　　　　D.　必须在最后

5.　一个 C 语言源程序是由（　　　）。

  A.　一个主程序和若干子程序组成　　B.　函数组成

  C.　若干过程组成　　　　　　　　　D.　若干子程序组成

二、填空题

1.　C 源程序的基本单位是＿＿＿＿＿＿＿＿。

2.　一个 C 源程序中至少应包括一个＿＿＿＿＿＿＿＿。

3.　在一个 C 源程序中，注释部分两侧的分界符分别为＿＿＿＿＿＿＿＿和＿＿＿＿＿＿＿＿。

4.　一个函数是由两部分组成的，它们分别是＿＿＿＿＿＿＿＿和＿＿＿＿＿＿＿＿。

5.　在每个 C 语句和数据定义的最后必须有一个＿＿＿＿＿＿＿＿。

第 2 章

数据类型、运算符、表达式

在编写 C 语言程序时，首先要涉及的是数据描述和功能描述。数据是实现功能的过程，功能是数据运算或处理的结果，没有数据，C 语言就无法实现规定的功能，可见数据在 C 语言程序中的重要性。

C 语言的数据类型是指对数据按某种规则所进行的分类。在 C 语言中有基本类型、构造类型、指针类型和空类型 4 种数据类型。运算符是说明特定操作的符号，它是构造 C 语言表达式的工具。C 语言的运算异常丰富，除控制语句和输入/输出以外的几乎所有的基本操作都作为运算符处理。各种数据和运算符结合起来就成为表达式。在有些情况下，要想实现某种数学运算，可以借助于系统提供的数学函数，极大地方便了运算过程。通过学习本章内容，读者可以掌握 C 语言的基本数据类型、运算符及表达式相关知识与应用技巧。

任务 2　显　示　屏

任务描述

本任务实现在屏幕上输出显示张煜同学的基本信息。程序运行后，在屏幕上输出张煜同学的姓名、学号、年龄、性别、数学成绩、计算机成绩、C 语言成绩基本信息。

```
************************************
**          成绩表          **
************************************
**      姓　名：张煜        **
**      学　号：201601      **
**      年　龄：19          **
**      性　别：M           **
**      数　学：98.50       **
**      计算机：95.50       **
**      C 语言：90.00       **
************************************
************************************
```

一、常量和变量

1. 常量及符号常量

在程序运行过程中，其值不能被改变的量称为常量。常量分为直接常量和符号常量，所谓符号常量，就是用一个标识符代表一个常量。

格式：#define␣PI␣3.14

程序中用 #define 命令行定义 PI 代表常量 3.14，此后凡在本程序中出现的 PI 都代表 3.14。

> **说　明**
>
> （1）#define 是宏定义命令。
> （2）宏名一般习惯用大写字母表示，以便与变量名区别，但也可用小写字母。
> （3）宏定义不是 C 语句，不必在行末加分号。
> （4）宏定义只作字符替换，不分配内存空间。
> （5）#define 命令出现在程序中函数的外面，宏名的有效范围为定义命令之后到本源文件结束。

2. 变量

变量是在程序运行过程中其值可以发生变化的量。变量实质上是一个存储空间，用来存储程序运行过程中所需要的已知条件（初始值）、中间结果、答案（输出结果），以备用户调用和查看。不同的变量类型所占用的存储空间的大小不同。为了今后能很好地使用它，在使用之前要先规范其类型和名字。因此，就有了这样的结论：在 C 语言中，所有的变量必须先定义，后使用。

变量的命名规则遵循标识符的命令规则。标识符的命名规则如下：

（1）由字母、数字和下画线组成，且第一个字符必须为字母或下画线。例如，a1、yy、d_1 是合法的标识符。

（2）严格区分大小写。例如，sum、Sum、SUM 是完全不同的变量名。

（3）可由多个字符组成。

（4）变量名不能与 C 语言预先定义的关键字相同，否则在编译时会被当作关键字进行处理，从而产生错误。C 语言的关键字有 32 个，详细内容见附录 B。例如，"int int;"的目的是定义一个名为 int 的整型变量，但由于 int 与系统关键字相同，所以是错误的定义。

二、C 语言的数据类型

C 语言中的数据类型分为基本类型、构造类型、指针类型、空类型。图 2-1 列出了 C 语言中的所有数据类型。

图 2-1 C 语言数据类型

三、整型变量的定义、赋值

1. 整型常量的使用

整型常量是没有小数的常量，即常数，如 5、135、18 等。在 C 语言中可以有 3 种合理的表示方式：十进制、八进制、十六进制，如表 2-1 所示。

表 2-1 整型常量的类型

进制类型	表示方法	举例
十进制	逢十进一，由 0～9 十个数字构成	123、–100 等
八进制	以 0（零）作为前缀	0123、–0100 等
十六进制	以 0x（零 x）作为前缀	0x123、–0x100 等

说明

用八进制和十六进制表示时，前缀与数据之间、前缀字符之间不能分开；十六进制中的前缀 x 不区分大小写。

2. 整型变量的定义

整型变量的定义格式如下：

整型类型说明符 变量名表；　　/＊整型类型说明符和变量名表之间加一个空格＊/

在使用整型变量时，根据需要选择相应的数据类型，在使用时一定不要超过对应类型的范围。整型类型说明符是表 2-2 数据类型中的任意一种；变量的命名规则遵循标识符的命令规则。

表 2-2 整型变量的类型、字节长度和取值范围

类别	数据类型	字节长度	取值范围
一般整型	int	2	–32 768～32 767，即 -2^{15}～$(2^{15}-1)$
短整型	short	2	–32 768～32 767，即 -2^{15}～$(2^{15}-1)$
长整型	long	4	–2 147 483 648～2 147 483 647，即 -2^{31}～$(2^{31}-1)$
无符号型	unsigned int	2	0～65 535，即 0～$(2^{16}-1)$
	unsigned short	2	0～65 535，即 0～$(2^{16}-1)$
	unsigned long	4	0～4 294 967 295，即 0～$(2^{32}-1)$

3. 整型变量的赋值

在变量的使用过程中，要分清变量名和变量值两个概念。

变量名是为了区分不同的变量及变量对应的存储单元而给变量取的名称。

变量值是指存储单元所存放的数据，它是可以随时改变的。改变变量的值就要为变量赋值，变量赋值是以新值替换旧值，变量的当前值总是最近一次赋给的新值。

（1）赋值语句的一般格式如下：

变量名=表达式；

"="称为赋值号。赋值语句的功能是先对赋值号右边的表达式进行求值，然后把求得的值赋给赋值号左边的变量，即修改变量的值为表达式的值。

例如，假设"a=5;"，则该赋值过程如图 2-2 所示。

图 2-2 赋值过程

（2）整型变量的初始化。变量除了用赋值表达式和赋值语句来赋值之外，也可以在定义时赋值。定义时赋初值又称变量的初始化。

定义时赋初值的一般格式如下：

整型类型说明符 变量名=表达式；

例如，"long x=50000;"相当于"long x;x=50000;"。

四、实型变量的定义、赋值

在 C 语言中，实型数据是一种非整型的数据表示方法。实型数据又称浮点型数据，按数据变化与否，分为实型常量和实型变量两种类型。和整型数据相比，实型数据表示的数据范围大，精度也高，但运算速度却较慢。

1. 实型常量的使用

实型常量有两种表示形式，一种是十进制小数形式，另一种是指数形式，如表 2-3 所示。通常，表示较大或较小的数用指数形式较方便。

表 2-3 实型常量的类型

表 示 方 法	特 点	举 例
小数方式	由数字和小数点组成	2.1、0.12、21.、0.0
指数方式	由字母 e 或 E 连接两个数字组成	2.1e4、1e2、0.1e-8

说 明

（1）指数形式 1.0e5 等价于 1.0×10^5。

（2）无论是十进制小数形式还是指数形式，包括指数的幂，正数均可以省略"+"号。

（3）十进制小数形式中的小数点是必不可少的，而整数部分和小数部分可以缺少其一，但不能同时没有。

（4）指数表示法中，e 不区分大小写，e 的两边必须有数，且 e 后面的指数部分必须是整数。

2. 实型变量的定义

实型变量也遵循变量的基本使用方法，即先定义后使用。

实型变量又可分为单精度和双精度两种类型。不同的类型占用不同的存储空间，运行在 IBM PC 及其兼容机上的实型变量的字节长度和取值范围如表 2-4 所示。由表可以看出 float 和 double 两种数据类型的不同。在使用时，根据数据的大小、精度、有效位数来决定使用哪种类型。

表 2-4　实型变量的类型、字节长度、取值范围和有效位

数 据 类 型	字 节 长 度	取 值 范 围	有　效　位
float	4	$1.0e-37 \sim 1.0e+38$	7
double	8	$1.0e-307 \sim 1.0e+308$	16

实型变量的定义格式：

实型类型说明符␣变量名表；

说　明

（1）类型说明符是表 2-4 所示数据类型中的任意一种，一般根据数据的大小来选择。

（2）变量名的命名规则遵循前面所讲的标识符的命名规则。例如：

```
float x;
double  a,b;
```

3. 实型变量的赋值

（1）赋值语句的一般格式。赋值语句的一般格式如下：

变量名=表达式；

它的所有含义和注意事项都和整型变量的赋值要求一样。例如：

```
a=3.14;
x_1=12.8;
```

（2）实型变量的初始化。变量除了用赋值表达式和赋值语句来赋值外，也可在定义时赋值。

定义格式：

实型类型说明符␣变量名=表达式；

例如：

```
float a,b=1.0;        /*定义两个变量a、b,并给b赋初值1.0*/
double a=10.0,b=20.0; /*定义两个变量a、b,并给a赋初值10.0、b赋初值20.0*/
```

五、字符型变量的定义、赋值

在 C 语言中，有时需要有描述性的语言和符号，那么就需要有相应的数据来满足这个需要，由此引进字符型数据。字符型数据也可分为字符型常量和字符型变量两大类。

1. 字符型常量的使用

（1）字符型常量是用单引号引起来的单个字符，如'a'、'0'、'#'。

（2）字符型常量有可显示字符和不可显示字符两种，可显示字符有大小写字母、数字及标点符号等；不可显示字符有换行符、回车符及换页符等。

（3）在字符常量中，还有一些特殊的字符型常量，称为转义字符，其表示方法是以 "\\" 开头。转义字符及其含义如表 2-5 所示。

表 2-5　转义字符及其含义

字 符 形 式	含　　义	ASCII 码
\n	换行，将当前位置移到下一行开头	10
\t	水平制表（跳到下一个 Tab 位置）（一般为 8 位）	9
\b	退格，将当前位置移到前一列	8
\r	将当前位置移到本行开头	13
\f	换页，将当前位置移到下页开头	12
\\	反斜杠字符 "\\"	92
\'	单引号（撇号）字符	39
\"	双引号字符	34
\ddd	1～3 位八进制数所代表的字符	—
\xhh	1～2 位十六进制数所代表的字符	—

其中，'\n'中的"n"不代表字母 n 而是作为 "换行" 符。'\101'表示 ASCII 码（十进制数）为 65 的字符'A'。字符与 ASCII 码之间的对应关系可以参看附录 A。

2. 字符型变量的定义

字符型变量用来存放字符常量，它只能存放一个字符。

字符变量的定义形式如下：

字符型类型说明符␣变量名表；

字符型变量的类型、字节长度和取值范围如表 2-6 所示。

表 2-6　字符型变量的类型、字节长度和取值范围

数 据 类 型	字 节 长 度	取 值 范 围
char	1	−128～127
unsigned char	1	0～255

例如：

```
unsigned char c1;
char a,b,c;
```

3. 字符型变量的赋值

（1）赋值语句的一般格式。赋值语句的一般格式如下：

变量名=表达式；

它的所有含义和注意事项都和整型、实型变量的赋值要求一样。例如：

```
c1='a';
c2='#';
```

（2）字符型变量的初始化。变量除了用赋值表达式和赋值语句来赋值之外，也可在定义时赋值。

定义格式如下：

字符类型说明符␣变量名=表达式；

例如：

```
char ch1,ch2='A';    /*定义两个字符型变量 ch1、ch2,并给 ch2 赋初值字符 A*/
char a=65,b=66;      /*定义两个字符型变量 a、b,并给 a 赋初值 65、b 赋初值 66*/
```

4. 字符串常量及其输出

在使用字符型数据时，经常遇到的不是单个字符，而是字符串，即多个字符。在 C 语言中，字符串常量用双引号括起来，并且是有序的。例如，"hello"、"a"、"a+b"。

字符串常量和字符常量是不同的常量，它们之间有以下区别：

（1）在表示方法上，字符常量由单引号括起来，字符串常量由双引号括起来。

（2）字符常量只能是单个字符（包括一些特殊字符常量），字符串常量可以是一个或多个字符。

（3）在赋值时，把一个字符常量赋予一个字符变量（如 char a='c';）是合法的，而把一个字符串常量赋予一个字符变量（如 char a="abc";）是非法的。字符串常量的存储可以用一个字符数组来存放，具体内容将在第 6 章中介绍。

（4）字符常量占 1 字节的内存空间。而字符串常量占的内存字节数等于字符串中实际字符数加 1，增加的 1 字节用来在字符串的最后存放'\0'，以作为字符串结束的标志。

如果有一个字符串"HELLO"，它在内存中的存储形式如图 2-3 所示。

H	E	L	L	O	\0

图 2-3　"HELLO"在内存中的存储形式

 知识应用

一、整型变量赋值与输出

1. 整型变量赋值语句

```
#include <stdio.h>
main()
{
    int a,b,c;
    a=2;b=a+1;
    c=a+b+4;
}
```

说　明

（1）"int a,b,c ;"是变量说明（定义）部分，定义了 3 个 int 型变量 a、b、c。

（2）"a=2;"是赋值语句，它表示给变量 a 赋初值 2。

（3）"b=a+1;"是赋值语句，它表示把变量 a 的现值 2 取出来与 1 相加，再把结果 3 保存到变量 b 中去。

（4）"c=a+b+4;"是赋值语句，先计算 a+b+4 的值，为 9，然后将 9 赋给变量 c。不管原来 c 的值是多少，执行该语句后，c 的值就会被修改为 9。

通过赋值，最后 a、b、c 中的值分别是 2、3、9。其中，a、b、c 是变量名，2、3、9 是变量的值。

2. 整型变量的初始化

```
#include <stdio.h>
main()
{
    int a,b=1;              /*定义两个整型变量a、b，并给b赋初值1*/
    int x=10,y=x;           /*定义两个整型变量x、y，并给x赋初值10、y赋初值10*/
    int a=b=c=1;            /*这是错误的变量初始化方法*/
}
```

说　明

（1）变量在定义时，如果不指定初值，即不初始化，则其值是一个不确定的任意值。

（2）"int　a,b=1;"定义整型变量a、b。并给变量b赋初值为1。

（3）"int x=10, y=x;"等价于"int x=10, y; y=x;"。

（4）"int a=b=c=1;"本意为定义整型变量a、b、c，并全部赋初值1。但这是错误的初始化方法。变量初始化时，不能用一个"="给多个变量赋初值，这样编译程序时，会认为b、c变量未定义。因此，应改为"int a,b,c; a=b=c=1;"。

（5）在定义时，赋初值并不是必需的，变量只要在引用之前赋值即可。

将存储的整型变量输出，需要有输出函数以及相应的控制格式来实现，这里先简单接触一下，后面的章节将进行详细介绍。

3. 整型变量输出

程序如下：

```
#include <stdio.h>
main()
{
    int x=100,y=0100,z=0x100;
    printf("d: %d %d %d\n",x,y,z);
    printf("o: %o %o %o\n",x,y,z);
    printf("x: %x %x %x\n",x,y,z);
}
```

运行结果：

```
d: 100   64    256
o: 144   100   400
x: 64    40    100
```

说　明

程序中%d、%o、%x分别是printf()函数的输出十进制、八进制、十六进制整型数据的格式控制符。显示时，它们由后面相应变量的值进行替换，若双引号括起来的部分还有其他字符，则输出时照原样显示。程序中输出关系如图2-4所示。

图2-4　printf()函数整型变量输出格式

二、实型变量赋值与输出

1. 实型变量赋值

程序如下：
```
#include <stdio.h>
main()
{
    float a=2111.1,b;
    double x,y;
    b=15.45678;
    x=1.0e4;
    y=a+b+x;
}
```

> **说　明**
>
> （1）"float a=2111.1, b;" 定义两个单精度变量 a、b，并给 a 赋初值 2111.1。
> （2）"double x, y;" 定义两个双精度变量 x、y。
> （3）"b=15.45678; x=1.0e4;" 分别给变量 b、x 以不同的形式赋初值。
> （4）"y=a+b+x ;" 先对 3 个变量 a、b、x 求和，再把结果存入变量 y 中。

在本程序中，如果赋给变量 a、b 的值超过七位有效数字，如 float a=1111.11111，则数据在存储时就会和原值出现误差，最后两位小数不起作用，导致存储失真。如果 a 改为 double 型，则能接受全部有效数字。所以，要根据需要使用合适的数据类型。

2. 实型变量输出

程序如下：
```
#include <stdio.h>
main()
{
    float a;
    a=123.0;
    printf("%e\n%f",a,a);
}
```
运行结果：
```
1.23000e+002
123.000000
```

> **说　明**
>
> 本程序在输出函数 printf() 中使用了实型变量的两种控制输出格式：%e、%f。显示时，它们由后面相应变量的值进行替换，其关系如图 2-5 所示。

图 2-5　printf() 函数实型变量输出格式

三、字符型变量赋值与输出

1. 转义字符的使用

程序如下：

```
#include <stdio.h>
main()
{
    printf("_ab_c\t_de\tg\n");
    printf("f\'\t_\"abv");
}
```

运行结果：

```
_ab_c___ de_____g
f'_____"abv
```

> **说　明**
>
> （1）在本程序中，用 printf()函数直接输出双引号内的各个字符，其中"＿"表示空格符。
>
> （2）注意其中的转义字符。第一个 printf()函数先在第一行左端开始输出"_ab_c"，然后遇到"\t"，它的作用是"跳"到下一个"制表位置"，在系统中一个"制表区"占 8 列。"下一个制表位置"从第 9 列开始，输出"_de"，再跳到下一个制表位，即第 17 列，输出"g"。然后遇到"\n"换行。依此类推，可得出第二个输出语句的结果。

2. 字符型数据的输出

程序如下：

```
#include <stdio.h>
main()
{
    char c1,c2;
    c1='A';
    c2='B';
    printf("%c,%c\n",c1,c2);
    printf("%d,%d",c1,c2);
}
```

运行结果：

```
A,B
65,66
```

> **说　明**
>
> （1）在第一个输出函数中用了%c 格式来控制字符型数据的输出，并且按对应位置进行显示输出字符型数据。
>
> （2）在第二个输出函数中，用整型变量控制输出格式%d 来控制字符型变量的输出，得到了相应字符所对应的 ASCII 值。

可见字符型和整型，在一定范围内是可以互换使用的。这是一个很重要的结论，今后将会经常用到。

3. 字符串的输出

程序如下：

```
#include <stdio.h>
main()
{
    printf("%s\n","This is a C program. ");
}
```

运行结果：

```
This is a C program.
```

说　明

　　在本程序中，使用了字符串输出控制格式%s，在输出时，会在相应的位置显示所要输出的字符串常量。

 任务实施

一、任务流程分解

（1）变量定义分析：本任务定义一个字符型变量，变量名为 sex（性别），并初始化赋值为'M'；定义一个长整型变量，变量名为 stunum（学号），并初始化赋值为 201601；定义一个整型变量，变量名为 age（年龄），通过赋值语句赋值为 19；定义 3 个实型变量，变量名分别为 math（数学）、computer（计算机）、cprogram（C 语言），并分别初始化赋值为 98.5、95.5、90.0。

（2）输出结果分析：在用 printf() 函数输出时，要控制好输出格式。本显示屏程序共输出 12 行，输出一行后要注意换行；要控制好信息对齐方式，充分考虑到不同数据类型输出宽度问题，适时运用转义字符或空格来完成。

二、代码实现

```
#include <stdio.h>
main()
{
    char sex='M';
    int age;
    long stunum=201601;
    float math,computer,cprogram;
    age=19;math=98.5;computer=95.5;cprogram=90.0;
    printf("*********************************\n"); /*以字符串格式输出*/
    printf("* *         成绩表          * *\n");
    printf("* ***************************** *\n");
    printf("* *     姓  名:张煜          * *\n");
    printf("* *     学  号:%ld          * *\n",stunum); /*以长整型格式输出*/
    printf("* *     年  龄:%d           * *\n",age); /*以整型格式输出*/
    printf("* *     性  别:%c            * *\n",sex); /*以字符型格式输出*/
```

```
printf("* *       数  学: %.2f        * *\n",math); /*输出时保留小数点后两位*/
printf("* *       计算机: %.2f        * *\n",computer);
printf("* *       C 语言: %.2f        * *\n",cprogram);
printf("* ************************** *\n");
printf("* ************************** *\n");
}
```

三、结果演示

程序结果演示如图 2-6 所示。

图 2-6　演示结果界面

任务 3　科 学 计 算

任务描述

本任务利用海伦公式求解一个边长分别为 6、8、10 三角形的面积。海伦公式为 $s = \sqrt{p*(p-a)*(p-b)*(p-c)}$，其中，$s$ 为三角形面积，$p = \dfrac{a+b+c}{2}$，a、b、c 分别为三角形三条边长。

知识准备

一、自动类型转换和强制转换

1. 自动类型转换的定义和规则

当不同类型的数据在运算符的作用下构成表达式时要进行类型转换，不同类型的数据要先转换成同一类型，然后进行运算。这种转换是由系统自动完成的，因而称为自动类型转换。自动类型转换时遵循的规则如图 2-7 所示。

（1）图中右侧横向向左的箭头表示必定的转换。如 char、short 型数据要想运算必先转换为 int 型。float 型数据必定先转换为 double 型，即使两个 float 型数据相运算，也先都转换成 double 型，然后再进行运算。

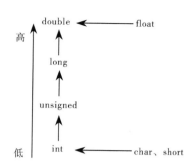

图 2-7　数据类型优先级

（2）纵向箭头表示当参与运算的对象为这几种不同数据类型时的转换方向。即当 int 型与 double 型数据进行运算时，先将 int 型的数据转换成 double 型，然后在两个同型数据间进行运算，结果为 double 型。箭头的方向只表示类型级别的高低。

（3）纵向箭头所指的数据类型不是必定转换，而且也不是逐级转换的。

例如，对于表达式 int+long-long，系统的处理是直接将 int 转换成 long，而不是先将 int 转换成 unsigned 再转换成 long。并且在表达式中没有出现 double 型，则结果不会转换成 double 型。

（4）在赋值运算或赋值语句中，当赋值号两边的数据类型不同时，赋值号右边的类型转换为左边的类型。如果右边的数据类型的长度比左边的长，将丢失一部分数据，丢失的部分按四舍五入方式向前舍入。

2. 数据类型的强制转换

上述的类型转换由系统自动完成，而下面要介绍的是人为指定的类型转换，称为强制类型转换。强制类型转换格式如下：

(数据类型定义符) 表达式

说 明

（1）类型定义符可以是 int、float、double 等数据类型。

（2）(数据类型定义符)是一种单目运算符，称为类型转换运算符。

（3）表达式可以是任意一种合理的算术表达式。

例如：

```
(int)4.8      /*将 4.8 强制转换为 int 型，表达式的值是 4*/
(float)5/2    /*将 5 强制转换为 float 型，再与 2 进行除运算，表达式的值是 2.5*/
```

二、算术运算符和算术表达式

1. 算术运算符

算术运算符及其功能如表 2-7 所示。

表 2-7　算术运算符及其功能

运　算　符	功　　能	应 用 举 例
+	加法运算符	x+y
−	减法运算符	x−y

续表

运　算　符	功　　能	应 用 举 例
*	乘法运算符	x*y
/	除法运算符	x/y
%	取模（求余）运算符	x%y
++	自增运算符	x++或++x
--	自减运算符	y--或--y

说　明

（1）运算符 "+" "-" "*" "/" 的意义与数学中 "+" "-" "×" "/" 的意义相同。

（2）两个整数相除时的结果为整数，例如，5/2 的结果为 2，含去小数部分。但如果相除的两个数有一个是实型数据，则结果将是实型数据，如 5.0/2=2.5。

（3）取模运算又称求余运算，要求参与运算的数据为整型，运算的结果为两个数相除后的余数。

2．算术表达式

算术表达式是用算术运算符连接运算的数据而得到的式子。例如，3*4-5、12/4、2+9 等。

算术表达式的正确书写形式:线性原则，即所有数字符号等均写在一条线上。2a 应写为 2*a，$\dfrac{x-y}{x+y}$ 不应写成 x-y/x+y，而应写成(x-y)/(x+y)。一定要将平时书写的习惯与 C 语言中的表达形式区别开，否则容易出错。

3．优先级及结合方向（结合性）

优先级是指在一个表达式中出现多个相同或不相同的运算符时优先进行哪种运算。C 语言对所有的运算用数字的方式规定了各自的优先级，见附录 C。数字在前的要高于数字在后的优先级。例如，表达式 2+5*6 中有两个运算符 "+" 和 "*"，从附录 C 可查知，优先级分别是 4 级和 3 级，3 级优先于 4 级，故先算 "*" 后算 "+"。

结合方向指的是在表达式中同一优先级的运算符在进行运算时的运算顺序。有的是从左到右的运算顺序，简称左结合；有的是从右到左的运算顺序，简称右结合。例如，表达式 2*3*4，根据 "*" 从左到右的结合方向，先算 2*3，然后再用所得结果 6 去乘 4。

4．自增、自减运算符

自增运算符++：变量内容增 1 运算（i=i+1），如 i++，++i。

自减运算符--：变量内容减 1 运算（i=i-1），如 i--，--i。

说　明

（1）++和--运算符只能用于变量，即只能对变量进行自增和自减运算，而不能对常量或表达式进行自增和自减运算。如 5++、(a+b)--等都是错误的。

（2）++和--运算符在变量的左边与在变量的右边的运算过程是不同的。

i++、i--: 是先使用，后自增（减）。

++i、--i: 是先自增（减），后使用。

j=i++⇒j=i; i=i+1   j=i--⇒j=i; i=i-1;

j=++i⇒i=i+1,j=i   j=--i⇒i=i-1;j=i;

（3）自增、自减运算符的结合方向是右结合。

（4）在 C 系统中遇到 i+++j 表达式时，理解为(i++)+j。

三、赋值运算符和赋值表达式

1. 赋值运算符

赋值运算符及其含义如表 2-8 所示。

表 2-8　赋值运算符

赋值运算符	等 价 于	意 义
=	a=b	赋值号
+=	a+=b ⇨ a=a+b	加赋值
-=	a-=b ⇨ a=a-b	减赋值
*=	a*=b ⇨ a=a*b	乘赋值
/=	a/=b ⇨ a=a/b	除赋值
%=	a%=b ⇨ a=a%b	求余赋值

说　明

（1）赋值号"="不是数学中的等号，而是赋值号。

（2）赋值运算符的左边必须是一个变量，不能是常量或表达式，而右边则任意。例如，a=b=c=1 是合法的，而 b+c=1 是非法的。

（3）当赋值号两边的数据类型不同时，系统自动进行类型转换。原则是：赋值号右边的数据类型转换成与符号左边的变量相同的数据类型。

（4）在赋值表达式后加上分号就成为赋值语句。注意表达式与语句的区别。

2. 优先级和结合方向（结合性）

赋值运算符的优先级低于算术运算符，而多个赋值运算符的优先级相同，并且运算是右结合。

四、逗号运算符和逗号表达式

逗号运算符是一个特殊的运算符，用它可以将两个表达式连接起来，实现特定的作用。

一般格式如下：

表达式 1,表达式 2,…,表达式 n

功能：先求解表达式 1，再求表达式 2，依次求出表达式的值，最后一个表达式的值是整个逗号表达式的值。

优先级：逗号运算符的优先级低于赋值运算符。

五、sizeof()运算符

不同数据类型在内存中占有不同的字节数，如果在数据存储时忘记了它们所对应的字节数，使用 sizeof()运算符可以列出各数据类型在内存中所占字节数。

一般格式如下：

```
sizeof(exp)
```

其中，exp 可以是类型关键字、常量、变量和表达式。

功能：给出 exp 所占用的内存字节数。

实例：sizeof(int)、sizeof(3*4)等都是合法的。

六、运算符的优先级

本任务介绍的很多运算符，可以放在一起进行混合运算，但在运算时要遵循一个先后顺序。如果在同一个表达式中遇到多个运算符，则应先算优先级高的，再算优先级低的，对于同一优先级的运算，则应按其结合性进行运算。

大致归纳出各类运算符的优先级如下：

初等运算符（()、[ ]、->、.）
↓
单目运算符
↓
算术运算符（先乘除，后加减）
↓
关系运算符
↓
逻辑运算符
↓
条件运算符（右结合性）
↓
赋值运算符（右结合性）
↓
逗号运算符

优先级由上往下递减，初等运算符优先级最高，逗号运算符优先级最低。

七、常用数学函数

为了方便初学者的使用，C 语言提供了大量用于基本操作和计算的函数，用户只要会使用它们即可，无须过多考虑它的编写过程。

常用的数学函数如表 2-9 所示。

表 2-9　常用数学函数及其功能

函　数　名	函　数　类　型	参　数　类　型	函数功能及说明
fabs(x)	double	double	计算 x 的绝对值
pow(x,y)	double	double	计算 x 的 y 次方
pow10(y)	double	double	计算 10 的 y 次方
sqrt(x)	double	double	计算 x 的平方根值，$x \geq 0$
exp(x)	double	double	计算 e 的 x 次方，e=2.718 28···
fmod(x,y)	double	double	计算浮点数 x/y 的余数
floor(x)	double	double	计算不大于 x 的最大整数
ceil(x)	double	double	计算不小于 x 的最小整数
sin(x)	double	double	计算 x 的正弦值，x 的单位为弧度
cos(x)	double	double	计算 x 的余弦值，x 的单位为弧度
tan(x)	double	double	计算 x 的正切值，x 的单位为弧度
asin(x)	double	double	计算 x 的反正弦值 arcsin x，$-1 \leq x \leq 1$
acos(x)	double	double	计算 x 的反余弦值 arccos x，$-1 \leq x \leq 1$
atan(x)	double	double	计算 x 的反正切值 arctg x
log(x)	double	double	计算 x 的自然对数 ln x，x>0
log10(x)	double	double	计算 x 的以 10 为底的常用对数 lg x，x>0

 知识应用

一、数据类型转换

1. 数据类型的混合运算

程序如下：

```
#include <stdio.h>
main()
{
    char a='A',b='B';
    int i=12,j,k;
    long m1=2147483147,m2;
    float f1=12.34,f2;
    double d1=23.45,d2;
    j=i+a;        /*i 为整型，a 为字符型，运算后为整型，赋给变量 j，结果为整型*/
    f2=f1-i-a;    /*f1 为单精度，i 为整型，a 为字符型，运算后为双精度，通过赋值符号自动*/
                  /*转换为单精度后，赋给变量 f2,结果为单精度*/
    d2=d1-i-f1;   /*d1 为双精度，i 为整型，f1 为单精度，运算后为双精度型，赋给变量 d2*/
    m2=m1-b;      /*m1 为长整型，b 为字符型，运算后为长整型，赋给变量 m2*/
    k=f1+a-i;     /*f1 为单精度，a 为字符型，i 为整型，运算后为双精度，通过赋值符号自动*/
                  /*转换为整型，赋给变量 k*/
    printf("j=%d,f2=%f,d2=%f,m2=%ld,k=%d",j,f2,d2,m2,k);
}
```

运行结果：

```
j=77,f2=-64.660004,d2=-0.890000,m2=2147483081,k=65
```

2. 强制类型转换

程序如下：

```c
#include <stdio.h>
main()
{
    int a,b;
    long c;
    a=20000;
    b=30000;
    c=(long)a+b;
    printf("a+b=%ld",c);
}
```

运行结果：

```
a+b=5000
```

说　明

　　"c=(long)a+b;" 语句如果换成 "c=a+b;"，能否得到我们所需要的结果？通过比较，体会此例中强制类型转换运算符的作用。

二、算术运算符及表达式

1. 算术表达式的基本输出

程序如下：

```c
#include <stdio.h>
main()
{
    int a, b;
    a=5;
    b=2;
    printf("a+b=%d\n",a+b);
    printf("a-b=%d\n",a-b);
    printf("a*b=%d\n",a*b);
    printf("a/b=%d\n",a/b);
    printf("a%%b=%d\n",a%b);        /*思考此处为什么加两个%%表示a%b*/
    printf("a++=%d,b--=%d\n",a++,b--);
    printf("++a=%d,--b=%d\n",++a,--b);
}
```

运行结果：

```
a+b=7
a-b=3
a*b=10
a/b=2
a%b=1
a++=5,b--=2
++a=7,--b=0
```

2. 自增、自减运算符在输出时的应用

程序如下：

```
#include <stdio.h>
main()
{
    int i=5;
    printf("%d,%d",i,i++);
}
```

运行结果：
```
6,5    /*Turbo C 程序中的运行结果*/
5,5    /*VC 程序中的运行结果*/
```

说　明

（1）本程序在 Turbo C 中运行，printf()函数要输出两个表达式的值，即 i 和 i++。应先求出第二个表达式 i++的值 5（i 的值先使用，后自增为 6），然后再求第一个表达式 i 的值，所以输出结果为 "6,5"。

（2）本程序在 VC 中运行，输出结果为 "5,5"。原因是 Turbo C 程序和 VC 程序执行过程略有不同。

三、赋值运算符

程序如下：
```
#include <stdio.h>
main()
{
    int a=4;
    a+=a-=a*a;
    printf("a=%d",a);
}
```

运行结果：
```
a=-24
```

说　明

语句 "a+=a-=a*a;" 中包括赋值运算符（+=、-=）和算术运算符（*）两种。应先计算 a*a，得出结果为 16，则原语句变为 a+=a-=16，而此表达式只有赋值运算符，而其结合方向是右结合。因此，首先运算 a-=16，a 的值为 a-16，结果是-12（整个表达式的值也是-12），然后运算 a+=-12，a 的值为-12-12，因此会输出-24。

四、sizeof（）的运用

程序如下：
```
#include <stdio.h>
main()
{
    char c1;
    int a=2,b=4;
    float c=2.1,d=0.7;
    printf("char:%d\n",sizeof(c1));
    printf("int:%d\n",sizeof(a));
```

```
    printf("float:%d\n",sizeof(c));
    printf("double:%d\n",sizeof(c/d));
}
```

运行结果：

```
/*Turbo C 程序中的运行结果*/
char:1
int:2
float:4
double:8
```

运行结果：

```
/*VC 程序中的运行结果*/
char:1
int:4
float:4
double:4
```

五、逗号运算符的运用

程序如下：

```
#include <stdio.h>
main()
{
    int a=3,b;
    printf("%d\n",(b=2*4,b*4,b+6));
    printf("%d\n",b=(2*3,b*4,a+6));
}
```

运行结果：

```
14
9
```

> **说　明**
>
> 　　（1）在第一个 printf() 函数中，输出表达式为逗号表达式，其中表达式 1 是赋值表达式
> （赋值运算符优先于逗号运算符），其表达式的值是 8，b 的值也是 8。表达式 2 的值求得
> 为 32，表达式 3 的值求得为 14，因此整个逗号表达式的值为 14。
> 　　（2）在第二个 printf() 函数中，输出的表达式为赋值表达式，因此要先计算括号里的逗
> 号表达式，然后再进行赋值运算，所以结果为 9。

六、函数的应用

1. sqrt() 函数的应用

程序如下：

```
#include <stdio.h>
#include <math.h>
main()
{
    float x,y;
```

```
        x=24.0;
        y=sqrt(x);
        printf("sqrt(%f)=%f\n",x,y);
}
```

运行结果：

```
sqrt(24.000000)=4.898979
```

2. 其他函数的应用

程序如下：

```
#include <stdio.h>
#include <math.h>
main()
{
    double x,y,z,m;
    x=25;
    m=log(x);
    y=pow(x,1/3.0);
    z=sin(x*3.14/180);
    printf("%f,%f,%f",m,y,z);
}
```

运行结果：

```
3.218876,2.924018,0.422418
```

任务实施

一、任务流程分解

（1）变量定义分析：本任务定义 5 个实型变量，变量名为 a（边长）、b（边长）、c（边长）、p（周长一半）和 s（面积）。

（2）利用赋值运算，将变量 a、b、c 分别赋值为 6.0、8.0、10.0。

（3）利用算术运算 p=(a+b+c)/2，求解变量 p 的值。

（4）利用 sqrt() 函数求解 s 的值。

（5）通过 printf() 输出 s 的值，输出时保留两位小数。

二、代码实现

```
#include <stdio.h>
#include <math.h>
main()
{
    float a,b,c,p,s;
    a=6.0;b=8.0;c=10.0;
    p=(a+b+c)/2;
    s=sqrt(p*(p-a)*(p-b)*(p-c));
    printf("********************************\n");
    printf("**     此三角形面积为：%.2f   **\n",s);  /*输出时保留两位小数*/
    printf("********************************\n");
}
```

三、结果演示

程序结果演示如图 2-8 所示。

图 2-8 演示结果界面

本 章 小 结

本章通过两个任务介绍 C 语言的数据类型、运算符、表达式、数学函数等基本知识。C 语言常见的 3 种基本数据类型：整型、实型、字符型，并根据其值的变与不变将其分为常量和变量。算术运算符用于完成算术运算，赋值运算符在完成表达式运算的同时进行变量的赋值，逗号运算符是几个表达式的并列，而自增、自减运算符通常用于计数，数学函数可以方便地解决数学计算。使用运算符时，应特别注意不同运算符的优先级关系及对应的结合方向。表达式是将变量、常量、函数调用通过运算符进行有意义的组合而形成的。一个变量、常量或一个函数调用也可以看作表达式。大多数的表达式都有一个值。表达式和语句很容易混淆。简单地说，末尾有分号的是语句，末尾没有分号的操作数与运算符的有意义的组合称为表达式。C 语言中的数据在进行计算处理时有时需要数据类型之间的转换，类型转换分为自动转换和强制转换。

练 习 题

一、选择题

1. 下面 4 个选项中，均不是 C 语言关键字的选项是（　　　）。

    A. define IF Type　　　　　　B. getc char printf

    C. include scanf case　　　　　D. while go pow

2. C 语言中的标识符只能由字母、数字和下画线 3 种字符组成，且第一个字符（　　　）。

    A. 必须为字母　　　　　　　　　B. 必须为下画线

    C. 必须为字母或下画线　　　　　D. 可以是字母、数字和下画线中任一种字符

3. 下面 4 个选项中，均是不合法的用户标识符的选项是（　　　）。

    A. A P_0 do　　　　　　　　　B. float la0 _A

    C. b-a goto int　　　　　　　D. _123 temp int

4. 下列选项中，合法的 C 语言关键字是（　　　）。

    A. VAR　　　　B. cher　　　　C. integer　　　　D. default

5. 下面不正确的字符串常量是（　　　）

    A. 'abc'　　　　B. "1212"　　　　C. "0"　　　　　D. " "

6. 若有代数式 3ae/bc，则不正确的 C 语言表达式是（　　　）。

    A. a/b/c*e*3　　　　　　　　　B. 3*a*e/b/c

  C. 3*a*e/b*c   D. a*e/c/b*3

7. 执行下列语句的结果是（   ）。

```
i=3;
printf("%d,",++i);
printf("%d",i++);
```

  A. 3,3   B. 3,4   C. 4,3   D. 4,4

8. 已知 x=3，y=2，则表达式 x*=y+8 的值为（   ）。

  A. 3   B. 2   C. 30   D. 14

9. 表示"在使用 x 之前，先使 x 的值加 1"的正确方式是（   ）。

  A. ++x   B. x++   C. +x   D. +x+

二、填空题

1. 若 b 是 int 型变量，则表达式 "b=25/3%3" 的值为_____。

2. 若 s 是 int 型变量，且 s=6，则表达式 "s%2+(s+1)%2" 的值为_____。

3. 请写出数学式 a/bc 的 C 语言表达式_____。

4. 字符型常量的标志是_____。

5. 字符串常量的标志是_____。

6. 标识符由_____组成。

7. 若 x 和 n 均是 int 型变量，且 n 的初值均为 5，则计算表达式 x=n++后 x 的值为_____。

8. 若 x 和 n 均是 int 型变量，且 n 的初值均为 5，则计算表达式 x=++n 后 x 的值为_____。

9. '0'在计算机中是_____。

10. "0"在计算机中是_____。

三、程序设计

1. 编写并运行程序，打印出"欢迎来到 C 语言世界！"。

2. 编写程序，输出下列菜单内容：

文件菜单：

新建

保存

另存为

退出

3. 编写程序，要求输入一个数，输出它的绝对值。

4. 编写程序，要求输入一个正数，输出它的平方根。

5. 编写程序，要求输入两个正整数 x 和 y，输出 x 的 y 次方的值。

6. 编程求解算术表达式(float)(a+b)/2+(int)x%(int)y 的值，设 a=2，b=3，x=3.5，y=2.5。

7. 编程求出对应于摄氏温度 37 ℃的华氏温度（注：华氏温度（F）与摄氏温度（C）转换公式为 C=(5/9)(F-32)）。

8. 编写程序求解以 5.0、5.0、6.0 为边长的三角形面积。

第 **3** 章

顺序结构程序设计

　　程序设计是为了完成某一项任务而编写的指令的集合，它是人与计算机进行信息交流的工具。无论多么复杂的程序都可以分解为顺序、选择、循环这 3 种结构，而顺序结构是 3 种结构中最基本、最简单的结构，它按照语句的先后顺序依次执行。

　　本章通过两个任务介绍编写简单程序所应掌握的程序设计基础、结构化程序设计的方法、字符输入/输出函数的使用、格式输入/输出函数的使用，以及顺序结构程序设计。

任务 4　简 单 加 密

任务描述

　　本任务设计完成一个简单密码加密软件。程序运行后，按照提示输入 8 位字母密码，然后进行简单加密操作，并输出加密后的密码。加密方法：采用从键盘输入字母后的第 2 个字母来替代原字母实现加密，例如，输入 a，则加密后变为 c。

知识准备

一、结构化程序设计基础

1. 程序构成

一个程序应包括以下两方面内容：

（1）对数据的描述。在程序中要指定数据的类型和数据的组织形式，即数据结构（Data Structure）。

（2）对操作的描述。即操作步骤，也就是算法（Algorithm）。

数据是操作的对象，操作的目的是对数据进行加工处理，以得到期望的结果。作为程序设计人员，必须认真考虑和设计数据结构和操作步骤（即算法）。因此，著名计算机科学家沃思（Nikiklaus Wirth）提出一个公式：数据结构+算法=程序。

实际上，一个程序除了以上两个主要要素外，还应当采用结构化程序设计方法进行程序设计，并用某一种计算机语言表示。因此，可以这样表示：

程序=算法+数据结构+程序设计方法+语言工具和环境

2．算法

做任何事情都有一定的步骤。在日常生活中，由于人们已养成习惯，所以并没有意识到每件事都需要事先设计出"行动步骤"，如吃饭、上学、打球、做作业等，事实上，这些活动都是按照一定的规律进行的，只是人们不必每次都重复考虑它。

不要认为只有"计算"的问题才有算法。广义地说，为解决一个问题而采取的方法和步骤统称为"算法"。一首歌曲的乐谱，也可称为该歌曲的算法，因为它指定了演奏该歌曲的每个步骤，按照它的规定才能演奏出预定的曲子。

下面举一个简单算法的例子：求 $1 \times 2 \times 3 \times 4 \times 5$ 的结果。

可以用最原始的方法进行求解：

步骤 1：先求 1×2，得到结果 2。

步骤 2：将步骤 1 得到的乘积 2 乘以 3，得到结果 6。

步骤 3：将步骤 2 得到的结果 6 乘以 4，得 24。

步骤 4：将步骤 3 得到的结果 24 再乘以 5，得 120。这就是最后的结果。

这样的算法虽然是正确的，但太烦琐。如果要求 $1 \times 2 \times 3 \times \cdots \times 1000$，则要写 999 个步骤，这显然是不可取的。而且每次都直接使用上一步骤的数值结果（2、6、24、…），也不方便。应当找到一种方便可行的表示方法。

可以设两个变量，一个变量代表被乘数，一个变量代表乘数。不另设变量存放乘积结果，直接将每一步骤的乘积放在被乘数变量中。这里设 p 为被乘数、i 为乘数。用循环算法来求解，可以将算法改写成：

步骤 1：使 p=1。

步骤 2：使 i=2。

步骤 3：使 $p \times i$，乘积仍放在变量 p 中，可表示为 $p \times i = p$。

步骤 4：使 i 的值加 1，即 $i+1=i$。

步骤 5：如果 i 不大于 5，返回重新执行步骤 3 以及其后的步骤 4 和步骤 5；否则，算法结束。最后得到 p 的值就是 5! 的值。

显然这个算法比前面的算法要简练得多。

如果题目改为求 $1 \times 3 \times 5 \times 7 \times 9 \times 11$，算法只需做很少的改动即可：

步骤 1：1=p

步骤 2：3=i

步骤 3：$p \times i = p$

步骤 4：i+2=p

步骤 5：若 $i \leqslant 11$，返回步骤 3；否则，结束。

可以看出，这种算法具有通用性和灵活性。步骤 3～步骤 5 组成一个循环，在实现算法时，要反复多次执行步骤 3～步骤 5，直到某一刻，执行步骤 5 时经过判断，乘数 i 已超过规定的数值而返回步骤 3 为止。此时算法结束，变量 p 的值就是所求结果。

一个算法应具有以下特点：

（1）有穷性。一个算法应包含有限的操作步骤，而不能是无限的。"有穷性"往往指"在合理的范围之内"。如果让计算机执行一个历时 1000 年才结束的算法，这虽然是有穷的，但超过了合理的限度，人们也不把它视作有效算法。合理限度并无严格标准，根据实际需要而定。

（2）确定性。算法中的每个步骤应当是确定的，而不是含糊的，不清楚的，不应该出现歧义性的含义。

（3）有零个或多个输入。所谓输入，是指在执行算法时需要从外界取得必要的信息。可以有两个或多个输入，也可以没有输入。

（4）有一个或多个输出。算法的目的是为了求解，"解"就是输出。但算法的输出不一定就是计算机的打印输出，一个算法得到的结果就是算法的输出。没有输出的算法是没有意义的。

（5）有效性。算法中的每一个步骤都应当能有效地执行，并得到确定的结果。例如，若 b=0，则 a/b 是不能被有效执行的。

对于那些不熟悉计算机程序设计的人来说，他们可以只使用别人已设计好的算法，只需根据算法的需求给以必要的输入，就能得到输出结果。对他们来说，算法如同一个"黑匣子"，可以不了解其中的结构，只是从外部特性上了解算法的作用，即可方便地使用算法。

3. 用流程图表示算法

流程图是用一些图框来表示各种操作。用图形表示算法，直观形象，易于理解。美国国家标准化协会 ANSI 规定了一些常用的流程图符号（见表 3-1），已被世界各国程序工作者普遍使用。

表 3-1　流程图符号

符　号	名　称	说　明
⬭	起止框	表示算法的开始和结束
▱	输入/输出框	表示完成某种操作，如初始化
◇	判断框	表示根据条件成立与否，决定执行哪种操作
▭	处理框	表示数据的输入输出操作
→ ↓	流程线	表示程序执行的流向
○	连接点	用于流程分支的连接

说　明

一个流程图应该包括以下几个部分。

（1）表示相应操作的框。

（2）带箭头的流程线。

（3）框内外必要的文字说明。

4. 结构化程序设计方法

一个结构化的程序就是用高级语言表示的结构化算法。这种程序便于编写、阅读、修改和维护，可以减少程序出错的机会，提高程序的可靠性，保证程序的质量。

结构化程序设计强调程序设计风格和程序结构的规范化，提倡清晰的结构。如何才能得到一个结构化的程序呢？如果我们面临一个复杂的问题，是难以快速写出一个层次分明、结构清晰、算法正确的程序的。结构化程序设计方法的基本思路是，把一个复杂问题的求解过程分阶段进行，每个阶段处理的问题都控制在人们容易理解和处理的范围内。

具体来说，应采取以下方法保证得到结构化的程序：自顶向下；逐步细化；模块化设计；结构化编码。

在接受一个任务后应怎样着手进行呢？有两种不同的方法：一种是"自顶而下，逐步细化"。以写文章为例，有的人胸有全局，先设想整个文章分成哪几个部分，然后再进一步考虑每一部分分成哪几节，每一节分成哪几段，每一段应包含什么内容。用这种方法逐步分解，直到可以直接将各小段表达为文字语句为止。

另有些人写文章时不拟提纲，如同写信一样提起笔就写，想到哪里就写到哪里，直到他认为把想写的都写出来为止。这种方法叫做"自下而上，逐步积累"。

显然，第一种方法考虑周全、结构清晰、层次分明，作者容易写、读者容易看。如果发现某一部分有一段内容不妥，需要修改，只需找出该部分，修改有关段落即可，与其他部分无关。我们提倡用这种方法设计程序。这就是用工程的方法设计程序。

设计房屋就是"用自顶向下，逐步细化"的方法。先进行整体规划，然后确定建筑方案，现进行各部分的设计，最后进行细节的设计，有了图纸之后，在施工阶段则是自下而上进行实施，用一砖一瓦先实现一个局部，然后由各部分组成一个建筑物。

我们应当掌握"自顶而下，逐步细化"的设计方法。这种设计方法的过程是将问题求解由抽象逐步具体化的过程，用这种方法便于验证算法的正确性，在向下一层展开之前应仔细检查本层设计是否正确。由于每一层向下细化时都不太复杂，因此容易保证整个算法的正确性。检查时也是由上而下逐层检查，思路清楚、有条不紊地逐步进行，既严谨又方便。

二、字符输入、输出函数

1. 字符输出函数

标准字符输出函数 putchar() 的一般形式：

```
putchar(ch)
```

putchar() 函数的作用是向终端输出一个字符。

参数 ch 通常为字符型变量、整型常量、字符本身，也可以输出控制字符，如 putchar('\n') 输出一个换行符，其函数类型是整型。

putchar() 是标准 I/O 库中的函数，在使用时应在程序前加上预编译命令 "#include <stdio.h>"。

2. 字符输入函数

getchar() 函数没有参数，其一般调用形式为：

```
getchar()
```

getchar() 函数的作用是从终端上输入一个字符，返回值为一个整型数，即被输入字符的 ASCII 码值。

getchar() 与 putchar() 一样，是标准 I/O 库中的函数，在使用时应在程序前加上预编译命

令 "#include <stdio.h>"。

getchar()只能接收一个字符，该函数得到的字符可以赋给一个字符型变量或整型变量，也可作为表达式的一部分不赋给任何变量。一般先定义一个字符类型的变量，然后再引用getchar()函数，并将函数值赋给这个字符型变量。

getchar()与后面学到的循环结构配合使用，可以连续输入任何字符，而且输入的多个字符都能被接收。原因是输入的多个字符以行为单位进行处理，即输入的字符先放入内存缓冲区中，待需要时再逐个取出。

 知识应用

一、字符输出函数

使用 putchar()函数输出

程序如下：

```
#include <stdio.h>
main()
{
    char a,b,c,d;
    a='g';b='o';c='o';d='d';
    putchar(a);
    putchar('\n');
    putchar(b);
    putchar('\n');
    putchar(c);
    putchar('\n');
    putchar(d);
    putchar('\n');
}
```

运行结果：

```
g
o
o
d
```

> **说 明**
>
> 用 8 个 putchar()函数输出字符，其中有 4 条语句用于输出控制字符 putchar('\n')，即换行，因此 good 一词纵向排列。

二、字符输入函数

使用 getchar()函数接收任意字符并输出

程序如下：

```
#include <stdio.h>
main()
```

```
{
    char c;                /*定义字符型变量 c*/
    c=getchar();           /*接收一个字符赋值给变量 c*/
    putchar(c);            /*输出字符型变量 c*/
}
```

若输入：

k ↙

则运行结果：

k

若输入：

F↙

则运行结果：

F

说　明

　　本程序中用 getchar()接收任意一个字符，用 putchar()将其输出。

任务实施

一、任务流程分解

　　（1）变量定义分析：本任务共定义 8 个字符变量，分别为 ch1、ch2、ch3、ch4、ch5、ch6、ch7、ch8，分别对应 8 位字母密码。

　　（2）变量赋值分析：ch1、ch2、ch3、ch4、ch5、ch6、ch7、ch8 都用 getchar()函数赋值。录入的 8 个字母就是原密码，要求字符只能是 A-X 或者 a-x 。

　　（3）加密过程分析：通过 getchar()函数给 8 个变量赋值后，把每个变量的 ASCII 值加 2，以便完成加密。

　　（4）密文输出分析：加密后的 8 位密码用 8 个 putchar()函数在同一行上输出。

二、代码实现

```
#include <stdio.h>
main()
{
  char ch1,ch2,ch3,ch4,ch5,ch6,ch7,ch8;
  printf("请输入 8 个字母的密码（字母范围 a-x 或 A-X）:\n");
  printf("原密码:");
  ch1=getchar();            /*以下 8 行语句用 getchar()输入密码*/
  ch2=getchar();
  ch3=getchar();
  ch4=getchar();
  ch5=getchar();
  ch6=getchar();
  ch7=getchar();
  ch8=getchar();
  printf("开始加密......\n");
  ch1+=2;                   /*以下 8 行是对输入的密码加密*/
```

```
ch2+=2;
ch3+=2;
ch4+=2;
ch5+=2;
ch6+=2;
ch7+=2;
ch8+=2;
printf("加密结果如下: \n");
putchar(ch1);          /*以下 8 行是用 putchar()输出加密后的密码*/
putchar(ch2);
putchar(ch3);
putchar(ch4);
putchar(ch5);
putchar(ch6);
putchar(ch7);
putchar(ch8);
putchar('\n');
}
```

三、结果演示

如果原密码输入"ABCDabcd",则加密密码为"CDEFcdef",程序结果演示如图 3-1 所示。

```
请输入8个字母的密码（字母范围a-x或A-X）:
原密码:ABCDabcd
开始加密……
加密结果如下:
CDEFcdef
Press any key to continue
```

图 3-1　演示结果界面

任 务 5　数 学 公 式

任务描述

本任务设计完成一个一元二次方程求根软件。程序运行后,按照提示输入一元二次方程二次项系数、一次项系数、常数项,要求输入的二次项系数、一次项系数、常数项构成的一元二次方程必须有根,然后进行求根计算,最后输出此一元二次方程的根。

知识准备

一、格式输出函数的使用

1. 格式输出函数

printf()函数的一般格式:

printf(格式控制,输出表列)

功能:向终端输出若干任意类型的数据。

说　明

（1）格式控制：是用双引号括起来的字符串，又称"转换控制字符串"，它规定了输出表列中各项的输出形式。它包括 3 种信息：

① 格式转换控制符：可将输出的数据转换为指定的格式输出。由"%"和格式字符组成，例如，%d、%c 等，但"%"与格式字符之间不能留有空格。

② 转义字符：输出一些操作行为，例如，\n、\t 等。

③ 提示串：是除了格式转换控制符和转义字符之外的其他字符，这些字符可原样输出。例如，printf("a 为字符%c,b 为字符%c\n",a,b); 语句中"a 为字符"和"b 为字符"都属于提示串，输出时原样输出。

（2）输出参数是需要输出的一批数据，可以是变量或表达式表列，输出参数的个数必须与控制参数中的格式转换控制符个数相同。

2．格式字符功能及其用法

（1）d 格式符，以十进制数形式输出整数。有以下几种用法：

① %d，按整型数据的实际长度输出。例如：

```
printf("%d,%d",a,b);
```

若 a=123，d=12345，则输出结果如下：

```
123,12345
```

② %md，m 为指定的输出字符的宽度。如果输出数据的实际位数小于 m，则左端补以空格，若大于 m，则按实际位数输出。例如：

```
printf("%4d,%4d",a,b);
```

若 a=123，d=12345，则输出结果如下：

```
␣123,12345
```

③ %ld，用于输出长整型数据。例如：

```
long a=135790;
printf("%ld",a);
```

这里如果用%d 输出，就会发生错误，对 long 型数据应用%ld 格式输出。对长整型数据也可以指定字段宽度，如将上面 printf()函数中的"%ld"改为"%8ld"，则输出结果如下：

8 列

int 型数据可以用%d 或%ld 格式输出。

（2）o 格式符，以八进制数形式输出整数。由于是将内存单元中各位的值（0 或 1）按八进制形式输出，即符号位也作为八进制的一部分输出，因此不会输出带负号的形式。长整型数据也可以用"%lo"格式输出。"%mo"表示按指定宽度输出八进制整数。

（3）x 格式符，以无符号十六进制数形式输出整数。%lx 输出长整型数，%mlx 输出指定宽度的十六进制整数。

（4）u 格式符，用于输出 unsigned 型数据，以无符号十进制形式输出。

一个有符号整数可以用%u 格式输出，相反，unsigned 型数据也可以用%d、%o、%x 格式输出。按相互赋值的规则处理，即将非 unsigned 型数据赋给长度相同的 unsigned 型变量，原则是原样照赋（原有的符号位也作为数据的一部分一起传送）；将一个 unsigned 类型数据赋给一个占字节数相同的整型变量,将 unsigned 型变量的内容原样送到非 unsigned 型变量中,但如果数据范围超过相应整型的范围,则会进行相应的转化。

(5) c 格式符,用于输出一个字符。在 C 语言中,字符型数据和整型数据之间可以通用。对于整数,只要它的值在 0~255 范围内,也可以用字符形式输出;同样,一个字符数据也可以转成相应的整型数据,即以 ASCII 码值输出。用%mc 输出指定宽度的字符型数据。若指定的宽度大于实际宽度,则左端补空格。

(6) s 格式符,用于输出一个字符串。%s 按实际长度输出字符串。%ms 输出指定宽度为 m 的字符串,若实际字符串长度小于 m,则左端补足空格;若实际字符串长度大于 m,则按实际字符串长度输出该字符串。也可用%-ms,当实际字符串长度小于 m 时,字符串左对齐,右端补相应的空格。%m.ns 输出指定宽度为 m 的、从字符串左端取出的 n 个字符(n 代表一个正整数)。若 n 小于 m 则左补足空格,若 n 大于 m 则以 n 为主,输出 n 个字符。%-m.ns 同%m.ns 类似,不同的是,当 n 小于 m 时右端补足空格。%.n 只指定了 n 未指定 m,此时自动使 m 等于 n,即输出占 n 列,只取字符串左端的 n 个字符。

(7) f 格式符,用于输出实型数据,以小数形式输出单精度和双精度型数据。%f 按系统规定的格式输出,即整数部分全部输出,小数部分取 6 位。不要以为所有打印出来的数字都是准确的,在一般系统下,单精度实数的有效位数为 7 位,双精度实数的有效位数为 15 位(不同的系统在实现格式输出时,输出结果可能会有一些小的差别)。%m.nf 输出指定宽度为 m 列保留 n 位小数的实数,在 m 列中,小数点也占一位宽度。若输出数据实际长度小于 m,则左端补空格,数字右对齐。%-m.nf 与%m.nf 类似,不同的是,若输出数据实际长度小于 m,则右端补空格,数字左对齐(当格式符为%0m.n 时,所空的格以 0 填充);若实长度大于 m,则按实际长度输出,并保留 n 位小数。%.nf 也是按实际长度输出,并保留 n 位小数。

(8) e 格式符,以指数形式输出实数。%e 按系统规定输出指数形式的实数,系统规定:指数部分占 5 位(如 e+003 或 e-003),小数点占一位,小数点前只有一个非零数字,小数点后占 6 位,共计占宽度 13 位。例如:

```
1.234567 e+003
```
　　　　8 列　　　5 列

不同的系统在实现格式输出时,输出结果可能会有一些小的差别。%me 是输出指定宽度为 m 的实数,保留 6 位小数,若实际宽度大于 m,则按实际长度输出。%m.ne 输出指定宽度为 m,保留 n 位小数的实数,若实际宽度小于 m,则左端补空格,数字右对齐(若为%-m.ne 则右端补空格,数字左对齐);若实际长度大于 m,则按实际长度输出且保留 n 位小数。%.ne 省略了 m 则按实际长度输出,且保留 n 位小数。

(9) g 格式符,用于输出实数。它根据输出时数据所占宽度的大小,自动选择 f 格式或 e 格式中较小的一种,且不输出无意义的 0。

以上介绍了 9 种格式符,归纳后如表 3-2 所示。

表 3-2　printf 格式字符

格 式 字 符	说　　明
d	以带符号的十进制形式输出整数(正数不输出符号)
o	以八进制无符号形式输出整数(不输出前导 0)

续表

格 式 字 符	说 明
x	以十六进制无符号形式输出整数（不输出前导 0x）
u	以无符号十进制形式输出整数
c	以字符形式输出，只输出一个字符
s	输出字符串
f	以小数形式输出单、双精度数，隐含输出 6 位小数
e	以指数形式输出实数
g	选用 f% 或 e% 格式中输出宽度较短的一种格式，不输出无意义的 0

printf 格式说明中，可以在%和上述格式字符间插入以下几种附加符号（修饰符）。附加格式说明字符见表 3-3 所示。

表 3-3　printf 的附加格式说明字符

字　符	说 明
l	用于长整型整数，可加在格式符 d、o、x、u 前面
m（整数）	数据最小宽度
n（整数）	对实数，表示输出 n 位小数；对字符串，表示截取的字符个数
—	输出的数字或字符在域内向左靠

二、格式输入函数的使用

1. 格式输入函数 scanf()

scanf()函数的一般格式如下：

scanf(控制参数，地址表列)

功能：用来输入任何类型的多个数据。

┌ **说　明** ─────────────────────────────
│
│　（1）"控制参数"的含义与 printf()函数中"控制参数"的含义相同。
│
│　（2）在给多个输入项输入数据时，在控制参数中，若%格式字符与%格式字符之间没有其他字符，输入数据时，两个数据之间可以用一个或多个空格间隔，也可以用回车符、Tab 符间隔（%c 输入格式除外）。例如：
│
│　scanf("%d%d",&a,&b);
│
│　以下 3 种输入方法均是合法的：
│
│　① 10 ⎵⎵20↵
│
│　② 10↵
│
│　　20↵
│
│　③ 10（按【Tab】键）20↵
│
│　（3）格式转换控制符之间有非格式字符，则把非格式字符当成普通字符，原样输入，当该字符是一个空格时，输入一个或多个空格均合法。例如：
│
│　scanf("i=%d,a=%d",&i,&a);
│
└─────────────────────────────────────

若输入"i=45,a=67"是合法的，若输入"45_67"则是不合法的。

（4）地址表列是由若干个地址组成的表列，可以是变量的地址或字符串的首地址。例如，scanf("%d%d",&a,&b)中&a 和&b 就是变量在内存中的地址。&是地址运算符。初学者在使用该语句时，经常丢掉地址运算符&，应特别注意。

2. 格式字符的用法

（1）d 格式符，用于输入十进制整数。

（2）o 格式符，用于输入八进制整数。

（3）x 格式符，用于输入十六进制整数。

（4）c 格式符，用于输入单个字符。在用%c 格式输入字符时，空格字符和转义字符都作为有效字符输入。

（5）s 格式符，用于输出字符串。

（6）f 格式符，用于输入实数，可以用小数形式或指数形式输入。

（7）e 格式符，与 f 格式符的作用相同，均可用来输入实型数据，输入时既可用小数形式也可用指数形式输入，e 与 f 可以互相替换。

知识应用

一、格式输出函数的应用

1. d 格式符的应用

程序如下：

```c
#include <stdio.h>
main()
{
    int a,b;
    long c,d;
    a=32767;
    b=1;
    c=2147483647;
    d=1;
    printf("%d,%d\n",a,b);
    printf("%3d,%3d\n",a,b);
    printf("%ld,%ld\n",c,d);
    printf("%10ld,%10ld\n",c,d);
}
```

运行结果：

```
32767,1
32767,␣␣1
2147483647,1
2147483647,␣␣␣␣␣␣␣␣␣1
```

说　明

　　定义 4 个变量并分别进行赋初值。采用了 d 格式符的%d、%3d、%ld 和%10ld 进行输出。其中，%d 是采用按整型数据的实际长度输出；%3d 输出 a 时，列宽不够，按实际长度输出；%ld 用于输出长整型数据，也可限定列宽。

---

2. o 格式符的应用

程序如下：

```c
#include <stdio.h>
main()
{
  int a=-1;
  long b=2;
  printf("%d,%o\n",a,a);
  printf("%10o,%lo\n",a,b);
}
```

根据二进制与八进制的转换规则，运行结果如下：

```
-1,177777          /*Turbo C程序中的运行结果*/
    177777,2
```

说　明

　　-1 在内存单元中的存储形式如下（以补码形式存放）。

1 0 00 00 00 00 00 00 00 01	（原码）
1 1 11 11 11 11 11 11 11 10	（反码）
1 1 11 11 11 11 11 11 11 11	（补码）

```
-1,37777777777      /*VC 程序中的运行结果*/
37777777777,2
```

3. x 格式符的应用

程序如下：

```c
#include <stdio.h>
main()
{
  int a=-1;   long b=-2;
  printf("%6x,%6o,%6d\n",a,a,a);
  printf("%lx\n",b);
  printf("%8x",a);
}
```

运行结果为：

```
  ffff,177777,   -1    /*Turbo C程序中的运行结果*/
Fffffffe
    ffff
```

说　明

　　本程序应考虑长整型数据长度为 4 个字节。

```
ffffffff,37777777777        /*VC 程序中的运行结果*/
fffffffe
ffffffff
```

4. u 格式符的应用

程序如下：

```
#include <stdio.h>
main()
{
    unsigned int a=65535;                /*定义无符号整型变量并赋初值*/
    int b=-2;                            /*定义整型变量并赋初值*/
    printf("a=%d,%o,%x,%u\n",a,a,a,a);   /*以四种格式控制符输出变量a*/
    printf("b=%d,%o,%x,%u\n",b,b,b,b);   /*输出变量b*/
}
```

运行结果：

```
a=-1,177777,ffff,65535          /*Turbo C 程序中的运行结果*/
b=-2,177776,fffe,65534
```

> **说　明**
>
> 无符号整型变量 a 的值为 65 535，如果以%u 进行输出，则为 65 535；如果以%d 进行输出时，结果为-1。因为-1 在内存中的存储形式是 16 个 1，这 16 个 1 所对应的无符号整型数恰好是 65 535，符号位也作为数值的一部分。同理，无符号整型 65 534 恰好是十进制的-2。

```
a=65535,177777,ffff,65535       /*VC 程序中的运行结果*/
b=-2,37777777776,fffffffe,4294967294
```

5. c 格式符的应用

程序如下：

```
#include <stdio.h>
main()
{
    char c='A';                 /*定义字符型变量并赋初值*/
    int i=65;                   /*定义整型变量并赋初值*/
    printf("%c,%d\n",c,c);      /*以两种格式控制符输出变量c*/
    printf("%c,%d\n",i,i);      /*以两种格式控制符输出变量i*/
}
```

运行结果：

```
A,65
A,65
```

> **说　明**
>
> 整型变量 i 的值为 65，在 0~255 之内，以%c 的形式输出，是输出 65 所对应的字符 A，字符型变量以%c 格式输出，是输出字符数据的 ASCII 码值。

6. s 格式符的应用

程序如下：

```
#include <stdio.h>
main()
{
```

```
      printf("%3s,%7.2s,%.4s,%-5.3s\n","print","print","print","print");
   }
```

运行结果：

print,␣␣␣␣␣pr,prin,pri␣␣

── 说　明 ──

　　%3s 中指定列宽不够，则原样输出；%7.2s 指定列宽为 7 列，只取字符左端 2 个字符 pr，左端补 5 个空格；%.4s 相当于%4.4s，即列宽为 4 列，取字符串左端 4 个字符；%-5.3s 与%7.2s 类似，但右补空格。

7. f 格式符的应用

程序如下：

```
#include <stdio.h>
main()
{
   float f=123.456;
   printf("%f␣␣%10f␣␣%10.2f␣␣%.2f␣␣%-10.2f\n",f,f,f,f,f);
}
```

运行结果：/*Turbo　C 程序中的运行结果*/

123.456001␣␣123.456001␣␣␣␣␣␣123.46␣␣123.46␣␣123.46␣␣␣␣

── 说　明 ──

　　%f 以小数形式输出实数，小数点后带 6 位小数，小数点本身占一位；%10f 指定列宽为 10 列，123.456 再加上三位小数恰巧占列宽 10；%10.2f 指定列宽为 10 列，但要取小数点后两位，加上小数和整数部分，一共是 6 列，因此左端补 4 个空格；%.2f 相当于%2.2f 即 m=n 情况，指定输出共占 2 列，但要取小数点后两位，加上小数点和整数部分，共 6 列，因此这 6 列冲破 2 列的限定，原样输出；%-10.2f 与%10.2f 类似，在右端补 4 个空格。

运行结果：

/*VC++ 6.0 程序中的运行结果*/

123.456001VV123.456001VV␣␣␣␣123.46VV123.46VV123.46

8. e 格式符的应用

程序如下：

```
#include <stdio.h>
main()
{
   float x=654.321;
   printf("%e,%10e,%10.2e,%-10.2e",x,x,x,x);
}
```

运行结果：

6.543210e+002,6.543210e+002,␣6.54e+002,6.54e+002␣

── 说　明 ──

　　本程序%e、%10e、%10.2e、%-10.2e 中的数字和小数点的含义与上面 f 格式符的应用相同，不同的是格式符，e 格式符以指数形式输出实数。

9. g 格式符的应用

程序如下：

```
#include <stdio.h>
main()
{
    float x=654.321;                /*定义实型变量并赋初值*/
    printf("%f,%e,%g",x,x,x);       /*以三种格式控制符输出变量*/
}
```

运行结果：

```
654.320984,6.543210e+002,654.321
```

> **说 明**
>
> 本程序中同一个实型数据分别采用 3 种格式输出，用%f 输出数据时共占 10 列，用%e 输出数据时共占 13 列，%g 输出时选取前两者所占列宽少的，并不输出无意义的 0。

二、格式输入函数的应用

1. 输入两个十进制整数，求其和并输出

程序如下：

```
#include <stdio.h>
main()
{
    int a,b;                    /*定义两个整型变量 a 和 b*/
    scanf("%d,%d",&a,&b);       /*从键盘读入两个整型数据*/
    printf("a+b=%d",a+b);       /*输出二者的和*/
}
```

输入：

```
15,30↙
```

运行结果：

```
a+b=45
```

> **说 明**
>
> 输入格式中两个%d 之间有逗号间隔，因此在输入两个数据时，中间也必须输入一个逗号作为间隔，否则接收数据时会出错。

2. 输入两个八进制数，求其积并用八进制显示

程序如下：

```
#include <stdio.h>
main()
{
    int a,b;
    scanf("%o␣␣%o",&a,&b);
    printf("%o*%o=%o\n",a,b,a*b);
}
```

输入：

```
10__16↙
```
运行结果：
```
10*16=160
```

说 明

本程序输入函数中两个%o之间用两个空格间隔，则输入数据采用 10__16↙ 这种形式，若输入时两数据之间用逗号等其他字符，则接收数据时会出错。还应注意的是，输入函数中使用的是%o格式符，因此输入的 10 和 16 是八进制的，而不是十进制的。

3. 输入一个十六进制数，并分别用十六进制和十进制显示

程序如下：

```c
#include <stdio.h>
main()
{
    int a;
    scanf("%x",&a);               /*输入数据*/
    printf("%x\n%d",a,a);         /*以十六进制和十进制形式输出变量*/
}
```
输入：
```
abc↙
```
运行结果：
```
abc
2748
```

说 明

本程序用 x 格式符输入数据给整型变量a，在输出时采用 x 和 d 两种格式分别输出，由于输入时用 x 格式符，因此数据 abc 以 x 格式符输出时无变化，但以 d 格式符输出时就进行相应的转换，即将十六进制的 abc 转换为十进制的 2 748。

4. 输入 4 个字符，并将其输出

程序如下：

```c
#include <stdio.h>
main()
{
    char a,b,c,d;                 /*定义 4 个字符型变量*/
    scanf("%c%c%c%c",&a,&b,&c,&d); /*连续输入 4 个字符*/
    printf("%c%c%c%c\n",a,b,c,d);  /*输出输入的 4 个字符*/
}
```
输入：
```
book↙
```
运行结果：
```
book
```
输入：
```
b_o_o_k↙
```
运行结果：

b␣o␣

本程序 scanf()函数中采用 4 个%c 连续书写，第一次输入的 4 个字符为 book↙，分别赋给字符型变量 a、b、c、d，因此输出这 4 个变量时结果为 book。第二次输入的字符为 b␣o␣o␣k↙，空格赋给了变量 b 和变量 d，因此输出这 4 个变量的结果为 b␣o␣。

5. 输入一个实型数据，输出它的平方值

程序如下：

```
#include <stdio.h>
main()
{
    float a,s;
    scanf("%f",&a);               /*输入时不能指定精度，如%5.2f是错误的*/
    s=a*a;                        /*求其平方*/
    printf("输入的数据%.2f的平方为%.2f\n",a,s);
}
```

若输入：

5.0↙或 5 ↙

运行结果：

输入的数据 5.00 的平方为 25.00

本程序由键盘随机输入一个实型数据 5.0 赋值给单精度实型变量 a，求其平方后输出。需注意的是：①在输入实型数据时，可输入 5.0，也可直接输入 5，系统会自动对其进行转换。②用%f 进行输入时，不可指定输入数据的精度，而输出时可指定输出数据的精度。

🖐 任务实施

一、任务流程分解

（1）变量定义分析：本任务共定义 5 个实型变量，分别为 a、b、c、x1、x2，功能分别为二次项系数、一次项系数、常数项、第一个根、第二个根。

（2）变量赋值分析：a、b、c 用 scanf()函数赋值。一元二次方程的根有 3 种情况，这个程序只能求解有根的两种情况，无根情况无法求解，所以在输入 a、b、c 值时，一定要保证 $b^2-4ac>=0$，否则程序无法正确求解一元二次方程的根。

（3）输出结果分析：通过使用 sqrt()数学函数，求解一元二次方程的根，并输出一元二次方程的根，输出时保留两位小数。

二、代码实现

```
#include <stdio.h>
#include <math.h>
```

```
main()
{
  float a,b,c,x1,x2;
  printf("*********************************\n");
  printf("    一元二次方程求解程序\n");
  printf("*********************************\n");
  printf("请输入一元二次方程各项系数（a,b,c）:\n");
  scanf("%f,%f,%f",&a,&b,&c);
  printf("---------------------------------\n");
  x1=(-b+sqrt(b*b-4*a*c))/(2*a);          /*利用一元二次方程求根公式求解*/
  x2=(-b-sqrt(b*b-4*a*c))/(2*a);
  printf("%.2fx^2+%.2fx+%.2f=0 的解为:\n",a,b,c);
  printf("---------------------------------\n");
  printf("x1=%.2f,x2=%.2f\n",x1,x2);      /*输出时保留两位小数*/
  printf("*********************************\n");
}
```

三、结果演示

1. 有不相等的两个实根

程序执行时，如果输入"1.0,5.0,2.0"时，此一元二次方程的根为"x1=−0.44,x2=−4.56"。程序结果演示如图 3-2（a）所示。说明：sqrt() 函数返回值为实型，所以此一元二次方程的根为近似值。

2. 有相等的两个实根

程序执行时，如果输入"1.0,2.0,1.0"时，此一元二次方程的根为"x1=−1.00,x2=−1.00"。程序结果演示如图 3-2（b）所示。

（a）　　　　　　　　　　　　　　　　（b）

图 3-2　演示结果界面

本 章 小 结

本章通过两个任务，讲解了 putchar()、getchar()、printf()、scanf()4 个输入/输出函数的使用、结构化程序设计的方法及顺序结构程序设计。在编写顺序结构程序时，应注意以下几点：

（1）顺序结构设计的思路要清楚，执行语句的先后逻辑次序、条理要清晰。

（2）表达式与计算公式一致。

（3）输入/输出的格式说明符与输入/输出变量的类型一致。

　　尽管顺序结构程序设计较简单，但刚开始学习时应该注意培养良好的程序设计习惯及代码编写的规范。首先分析所给的问题，明确要求，找出解决问题的途径（即算法）；然后安排分配合适的变量，再逐步写出处理步骤；最后输出结果。算法设计是自顶向下进行的，复杂的算法要逐步求精。

练 习 题

一、选择题

1. 计算机录入信息的语句是（　　　）。
   A. scanf　　　　　　　B. printf　　　　　C. if　　　　　D. for

2. 计算机输出信息的语句是（　　　）。
   A. scanf　　　　　　　B. printf　　　　　C. if　　　　　D. for

3. a 是整型变量，下列正确的录入信息的语句格式是（　　　）。
   A. scanf("%d",&a);　　　　　　　　　　B. scanf("%d",a);
   C. scanf("%f",&a);　　　　　　　　　　D. scanf("%f",a);

4. a 是实型变量，下列正确的录入信息的语句格式是（　　　）。
   A. scanf("%d",&a);　　　　　　　　　　B. scanf("%d",a);
   C. scanf("%f",&a);　　　　　　　　　　D. scanf("%f",a);

5. b 是整型变量，下列正确的输出信息的语句格式是（　　　）。
   A. printf("%d",&a);　　　　　　　　　　B. printf ("%d",a);
   C. printf ("%f",&a);　　　　　　　　　　D. printf ("%f",a);

6. b 是实型变量，下列正确的输出信息的语句格式是（　　　）。
   A. printf ("%d",&a);　　　　　　　　　　B. printf ("%d",a);
   C. printf ("%f",&a);　　　　　　　　　　D. printf ("%f",a);

7. 若 x、y 均定义成 int 型，z 定义为 float 型，以下合法的 scanf()函数调用语句是（　　　）。
   A. scanf("%d %d %f", x, y, z);　　　　　B. scanf("%f%f%d", &x, &y, &z);
   C. scanf("%f%f %d", x,y,z);　　　　　　D. scanf("%d%d%f", &x, &y, &z);

8. 下列程序的运行结果是（　　　）。
```c
#include<stdio.h>
main()
{
  int a=2,c=5;
  printf("a=%d,b=%d\n",a,c);
}
```
   A. a=%2,b=%5　　　　　　　　　　　　B. a=2,b=5
   C. a=d,b=d　　　　　　　　　　　　　　D. a=2,c=5

9. x、y、z 被定义为 int 型变量，若从键盘给 x、y、z 输入数据，正确的输入语句是（　　　）。
   A. INPUT x、y、z;　　　　　　　　　　B. scanf("%d%d%d",&x,&y,&z);

    C. scanf("%d%d%d",x,y,z);   D. read("%d%d%d",&x,&y,&z);

10. 使用 scanf 语句需要引入下列（   ）头文件。

    A. stdio.h   B. math.h   C. stdlib.h   D. string.h

11. 使用绝对值 fabs 语句需要引入下列（   ）头文件。

    A. stdio.h   B. math.h   C. stdlib.h   D. string.h

12. 使用系统调用 system 语句需要引入下列（   ）头文件。

    A. stdio.h   B. math.h   C. stdlib.h   D. string.h

13. printf()函数中用到格式符%5d，其中数字 5 表示输出的数字占用 5 列，如果字符串长度大于 5，则输出按方式（   ）。

    A. 从左起输出该字符串，右补空格   B. 按原字符长从左向右全部输出

    C. 右对齐输出该字符串，左补空格   D. 输出错误信息

14. 以下程序的输出结果是（   ）。

```
#include <stdio.h>
main()
{
    int n;
    n=4*6;
    printf("n=%d",n);
}
```

    A. n=4   B. 4   C. n=24   D. 24

15. 以下程序的输出结果是（   ）。

```
#include <stdio.h>
main()
{
    int x=2;
    printf("%d",x++);
}
```

    A. 2   B. 3   C. 0   D. 错误

16. 以下程序的输出结果是（   ）。

```
#include <stdio.h>
main()
{
    int x=2;
    printf("%d", ++x);
}
```

    A. 2   B. 3   C. 0   D. 错误

17. 设 a=12、b=12345，执行语句 printf("%4d,%4d",a,b)的输出结果为（   ）。

    A. 12, 123   B. 12, 12345   C. 12, 1234   D. 12, 123456

18. 输出一个%，正确的语句格式是（   ）。

    A. printf("%d",a);   B. printf ("%%");

    C. printf (%);   D. printf ("%");

20. C 语言中，计算平方根的函数名是（   ）。

    A. sqrt   B. fabs   C. sin   D. exp

二、填空题

1. C语言中标准输入语句的函数名是_____。

2. C语言中标准输出语句的函数名是_____。

3. C语言中使用输入/输出语句需要引入的头文件是_____。

4. 输入语句中每个输入的变量前需要加符号_____。

5. C语言中使用数学函数需要引入的头文件是_____。

6. 输入语句的一般格式是_____，输出语句的一般格式是_____。

7. 数学函数 fabs(x)表示_____，数学函数 sqrt(x)表示_____。

8. 输出一个整数 x 最少占 10 个位置_____。

9. 输出一个实数 x 保留两位有效数字_____。

10. 输出一个字符型 ch_____，输入一个整型 x_____。

11. 输入一个字符型 ch_____，输入一个实型 y_____。

12. 输入多个数字时，间隔符为_____。

13. 若想通过以下输入语句使 a=5.0，b=4，c=3，则输入数据的形式应该是_____。
```
int b, c;  float a;
scanf("%f, %d, c=%d", &a, &b, &c);
```

14. 以下程序段的输出结果是_____。
```
int x=17,y=26;
x=x%6; y=y/x;
printf ("%d",y);
```

15. 下列程序的输出结果是 16.00，请填空。
```
#include <stdio.h>
main()
{
   int a=9,b=2;
   float x=_____ ,y=1.1,z;
   z=a/2+b*x/y+1/2;
   printf("%.2f\n",z );
}
```

三、程序设计

1. 已知长方体长 5 cm，宽 3 cm，高 2 cm，求长方体体积。

2. 已知圆周率为 3.14，半径为 4.0，编写程序求其圆面积和圆周长。

3. 输入圆的半径 r 和高 h，计算并输出圆柱体体积。

4. 从键盘输入 x 的值，计算函数 $y=3x^2 +2x-4$ 的结果，输出 y 值。

5. 编写程序实现两个变量值的相互交换。

6. 从键盘输入一个大写字母，要求改用对应小写字母输出。

7. 以下列格式输入信息：2014-10-15，输出对应的年月日。

8. 输入一个三位整数，求出各位数字和并输出。

9. 输入两个实数，输出它们的和、差、积、商。

10. 编写程序，把 500 min 换算成用小时和分钟联合表示的形式。

第 **4** 章

选择结构程序设计

为了提升编写的程序种类和构建程序的灵活性，本章我们将学习选择结构程序设计。选择结构是对程序中某个变量或表达式的值做出判定，根据判定结果决定执行哪些语句和跳过哪些语句。为了实现选择结构的程序设计，C 语言引入了 if 语句和 switch 语句。另外，借助于条件运算符也可以实现简单的选择结构。

通过本章的学习，使读者了解并掌握 C 语言的选择结构程序设计方法，加深对 C 语言程序开发设计过程的认识，强化培养编程思路，为进一步进行 C 语言程序设计打下坚实的基础。

任务 6　闰年表达式

任务描述

本任务设计完成一个闰年判断程序。闰年判断条件为：

（1）年份能被 4 整除而不能被 100 整除。

（2）年份能被 400 整除。

如果满足上述条件，即为闰年，否则为平年。

知识准备

条件运算符可以实现简单的选择作用。条件表达式的值可以用在赋值语句中。关系表达式与逻辑表达式的值只有两个，即 1 或 0。C 语言用 1 表示"真"，用 0 表示"假"。

一、条件运算符

（1）条件运算符（?:），是 C 语言中唯一需要 3 个操作数的运算符，它可以组成一个条件表达式，其一般形式为：

表达式 1?表达式 2:表达式 3

（2）条件运算符的执行顺序。首先判断表达式 1 的值，如果数值不是 0，则计算表达式 2 的值，并将此作为条件表达式的值；如果数值是 0，则计算表达式 3 的值，并将此作为条件表达式的值。

（3）条件运算符的优先级优先于赋值运算符，低于关系运算符，结合性为右结合。

二、关系运算符与关系表达式

（1）关系运算符用于比较表达式，提出类似"a 大于 10 吗？"或"x 等于 y 吗？"这样的问题。关系表达式的一般形式：

　　表达式 关系运算符 表达式

（2）关系表达式的值，根据所描述的关系成立与否取值为 1 或 0。而不是像有些语言的真与假。即关系成立，值为 1；不成立，值为 0。如表 4-1 所示为关系运算符和关系表。

表 4-1　关系运算符和关系表达式

运　算　符	符　　号	实　　例	读　　作	求　　值
大于	>	5>3	5 大于 3 吗	1
大于或等于	>=	3>=3	3 大于等于 3 吗	1
小于	<	'a'<'b'	'a'小于'b'吗	1
小于或等于	<=	5<=3	5 小于等于 3 吗	0
等于	==	3==3	3 等于 3 吗	1
不等于	!=	3!=3	3 不等于 3 吗	0

（3）优先级与结合性。运算顺序由高到低为算术运算符→关系运算符<,<=,>,>=→关系运算符==和!=，关系运算符的结合性为从左至右。

三、逻辑运算符与逻辑表达式

（1）C 语言有 3 种逻辑运算符如表 4-2 所示。用逻辑运算符将关系表达式或逻辑量连接起来的式子称为逻辑表达式。

表 4-2　逻辑运算符

运　算　符	功　　能	表　达　式
&&	逻辑与	a&&b
‖	逻辑或	a‖b
!	逻辑非	!a

（2）一般意义，逻辑表达式成立其值为"真"，不成立其值为"假"。在 C 语言中用数值 1 代表"真"，用数值 0 代表"假"。逻辑运算的运算含义见真值表 4-3。

表 4-3　C 逻辑运算的真值表

a	b	a&&b	a‖b	!a	!b
非 0	非 0	1	1	0	0
非 0	0	0	1	0	1
0	非 0	0	1	1	0
0	0	0	0	1	1

（3）逻辑运算的优先级顺序为！（非）→&&（与）→‖(或)。!（非）运算为单目运算符，结合性为右结合；&&（与）、‖（或）为双目运算符，结合性是左结合。

（4）C 语言逻辑运算总结（ a、b 代表一个关系表达式或逻辑量）。

&& 运算：当 a、b 都为非 0 时，a&&b 的值为 1，其他情况均为 0。

‖ 运算：当 a、b 都为 0 时，a‖b 的值为 0，其他情况均为 1。

！运算：a 为非 0，!a 的值为 0；a 为 0，!a 的值为 1。

知识应用

（1）求 3 个数中最大值的程序。

分析：

① 将 3 个数存于 x、y、z 变量中，其中的最大数用 max 标识。通过比较，输出最大值，由于一次只能比较两个数，3 个数比大小应比较两次。

② 第一次：x 和 y 比较，把其中的大数送入 max 变量中。

③ 第二次：z 和 max 比较，将大数送入 max ，此时，max 中将是 3 个数中的最大数。

```c
#include <stdio.h>
main()
{
    float x,y,z,max;
    scanf("%f%f%f",&x,&y,&z);
    max=x>y?x:y;
    max=z>max?z:max;
    printf("max=%.2f \n",max);
}
```

运行时输入：

10 20 30↙

输出：

max=30.00

（2）写出下面程序段的运行结果。

```c
#include <stdio.h>
main()
{
    int a,b=10; char c='A';
    printf("%d,%d\n",a=5,b==5);
    printf("%d\n",c+3<'D');
    printf("%d,%d\n",a=b==a+8,3>2>1);
}
```

── 说　明 ──

① 赋值表达式的值是被赋变量的值。因此赋值表达式 a=5 的值是 a 的值，是 5。b==5 是关系表达式，不成立，其值是 0。

② 字符型数据相比较时，是比较它们的 ASCII 值。

③ 表达式 a==b=a+8 共有 3 个运算符，根据优先级先计算"a+8"，则 a=b==13；然后计算"b==13"，则 a=0；最后计算"a=0"，结果是 0。

④ 3>2>1 根据从左至右的结合性，先计算"3>2"，结果是 1；再计算"1>1"，结果是 0。因此 3>2>1 的值是 0。在 C 语言中，关系表达式的值为 0 是不成立的意思。而在数学上 3>2>1 是成立的。可见，在描述条件时要用 C 的思维而不是数学的思维。

运行结果：

```
5,0
0
0,0
```

（3）用一个表达式判断字符型变量 ch 是否是一个大写英文字母。

分析：如果写成如下的关系表达式：'A'<=ch<='Z'，这正是接下来要分析的问题。C 语言在对这个表达式求值时，根据关系运算符从左至右的结合性，首先求出'A'<=ch 的值，结果是 0 或 1，然后再求 0<='Z'或 1<='Z'，这两个表达式的结果都是 1，即无论是否是大写字母，该表达式都成立。因此是错误的判断条件。

正确表示出来，必须先分解成两个简单的条件，即 ch>='A'和 ch<='Z'，然后再用逻辑运算符连接起来，构成一个逻辑表达式。

根据与运算的含义，本题表示为 ch>='A'&& ch<='Z'。

（4）若有变量 int a=3，b=2，c=1，则表达式 a-b<c || b==c 的值是什么。

分析：表达式中共有 4 个运算符，优先级由高到低的顺序是："-"高于"<"高于" == "高于"||"，因此求解过程为计算 a-b→计算 a-b<c→计算 b==c→计算整体表达式的值，最后结果为 0。

 任务实施

一、任务流程分解

流程描述：程序开始提示用户输入要判断的年份，然后判断输入的年份是否符合闰年条件，如果符合，输出闰年；如果不符合，输出平年。

（1）程序初始化分析：定义年份变量。

（2）数据录入分析：用户输入要判断的年份。

（3）数据处理分析：判断用户输入的年份是否符合闰年规则。

（4）输出结果分析。

结果 1：符合闰年判断规则，输出闰年。

结果 2：不符合闰年判断规则，输出平年。

二、代码实现

```c
#include <stdio.h>
main()
{
    int year;
    printf("请输入要判断的年份: ");
    scanf("%d",&year);
    if(year%4==0&&year%100!=0||year%400==0)
        printf("闰年\n");
    else
        printf("平年\n");
}
```

三、结果演示

输入 2016，输出闰年的结果，程序结果演示如图 4-1（a）所示。
输入 2000，输出闰年的结果，程序结果演示如图 4-1（b）所示。
输入 2014，输出平年的结果，程序结果演示如图 4-1（c）所示。

请输入要判断的年份：2016 闰年 Press any key to continue	请输入要判断的年份：2000 闰年 Press any key to continue	请输入要判断的年份：2014 平年 Press any key to continue
（a）	（b）	（c）

图 4-1　演示结果界面

任务 7　判定业务员级别

任务描述

本任务设计完成一个判定业务员级别程序。保险公司根据月签单金额将业务员划分为 5 个级别。规则是：月签单 10 万月以上为"金牌保险员"；月签单 8 万元以上为"银牌保险员"；月签单 6 万元以上为"铜牌保险员"，月签单 4 万元以上为"铁牌保险员"，否则给予"红牌警示"。程序运行后，输入业务员月签单金额，输出该业务员对应的级别。

知识准备

C 语言的 if 语句是根据给定的条件进行判断，以决定执行哪些语句和跳过哪些语句不执行。if 语句有 3 种基本形式：

一、if 语句的第一种形式

```
if(表达式)
  语句;
```

执行过程：先计算表达式的值，如果结果为非 0 值，则执行其中的"语句"；如果求值是 0，则不执行"语句"。无论哪一种情况，下一步都要执行 if 语句之后的代码。流程图如图 4-2 所示。

图 4-2　if 语句第一种形式流程图

实例：

```
if (x>y)
    printf("%d",x);
    printf("ok");
```

如果有定义 "x =7;y=5;"，则输出 7ok。

如果有定义 "x =5;y=7;" 则输出 ok。

二、if 语句的第二种形式

```
if(表达式)
  语句 1;
else
  语句 2;
```

执行过程：先计算表达式的值，如果结果为非 0 值，则执行语句 1 而不执行语句 2；如果求值是 0，则执行语句 2 而不执行语句 1。流程图如图 4-3 所示。

图 4-3　if 语句第一种形式流程图

三、if 语句的第三种形式

```
if(表达式 1)     语句 1;
else if(表达式 2) 语句 2;
   else if(表达式 3) 语句 3;
       else if(表达式 n) 语句 n;
          else 语句 n+1;
```

执行过程：如果表达式 1 的结果为非 0 值，则执行语句 1；否则，判定表达式 2 的值，若为非 0，则执行语句 2；……否则，执行语句 n+1。流程图如图 4-4 所示。

图 4-4　if 语句第一种形式流程图

分号是 C 语句的必要成份，谈到语句，就一定包含一个分号在末尾。因此上述 if 语句中的第二、第三种形式中，在每个 else 前面都有一个分号。这 3 种形式每一个都是一条 C 语句，因此整个语句结束处有一个分号。这 3 种形式中的"语句"又都可以是复合语句。其中( )内的表达式一般为逻辑表达式和关系表达式，但可以是任意类型。例如：

```
if('A')
    printf("A");           /* 'A'的值非 0,printf()函数得到执行, 输出 "A" */
```

> **说　明**
>
> （1）if 语句中的"表达式"必须用"("和")"括起来。
>
> （2）else 子句是 if 语句的一部分, 必须与 if 配对使用, 不能单独使用。
>
> （3）在 3 种形式的 if 语句中, if 关键字之后均为表达式。该表达式通常是逻辑表达式或关系表达式, 但也可以是其他表达式。只要表达式的值为非 0, 即为"真"。其后的语句总是要执行的。
>
> （4）if 语句的第一种、第二种形式实现的是两者选一的情形, 若有 3 种以上情况则需要用第三种形式的 if 语句。

知识应用

（1）输入一个数 x, 要求不使用 abs( )函数, 输出其绝对值。

分析: 首先输入一个数给 x 变量, 然后进行判断, if 语句中的条件为 x<0, 当条件成立时, 可用（-x）求出其绝对值, 否则输出 x 即可。

```
#include <stdio.h>
main()
{
    float x;
    printf("请输入一个数: ");
    scanf("%f",&x);
    if(x<0)
    {
        printf("%f\n", -x);
    }
    else
    {
        printf("%f\n",x);
    }
}
```

（2）输入两个整数, 将大数存在 x 中, 小数存在 y 中, 输出 x 和 y 的值。

分析: 将两个数输入后依次存在 x、y 变量中。如果（x>=y）符合题中的要求, 输出即可; 如果（x<y）, 则需要交换 x 和 y 中的数。交换两个变量的值, 需要用到第三个变量如 temp, 其方法是: 先将两个变量中的一个, 如 x 的值存入第三个变量（temp）; 然后将另一个变量（y）的值存入第一个变量(x); 最后将存放在第三个变量中的原第一个变量的值存入第二个变量。如图 4-5 所示, 是有助于理解交换两个变量的 3 条语句。

图 4-5　两个数的交换

```
#include <stdio.h>
main()
{
    int  x,y,temp;
    printf("请输入两个数: ");
    scanf("%d,%d",&x,&y);
    if(x>=y)
    {
        printf("x 的值为: %d\n",x);
        printf("y 的值为: %d\n",y);
    }
    else
    {
        temp=x;
        x=y;
        y=temp;
        printf("x 的值为:%d\n",x);
        printf("y 的值为:%d\n",y);
    }
}
```

任务实施

一、任务流程分解

流程描述：首先输入业务员完成金额 m 万元；然后按照规则对 m 进行判断，如果 m>10，输出"金牌保险员"；如果 m>8，输出"银牌保险员"；如果 m>6，输出"铜牌保险员"；如果 m>4，输出"铁牌保险员"；如果 m>=0，输出"红牌警示"；否则输出"输入的金额有误！"。

（1）程序初始化分析：定义业务员完成金额 m。

（2）数据录入分析：输入完成金额 m。

（3）数据处理分析：按照公司制定规则，对完成金额 m 进行判断。

（4）输出结果分析。

结果 1：m>10，金牌保险员。

结果 2：m>8，银牌保险员。

结果 3：m>6，铜牌保险员。

结果 4：m>4，铁牌保险员。

结果 5：m>=0，红牌警示。

结果 6：m 取其他值，提示输入的金额有误。

二、代码实现

```
#include <stdio.h>
main()
{
    float m;
    printf("请输入完成金额(万元): ");
```

```
scanf("%f",&m);
if(m>=10)
    printf("金牌保险员\n");
else if(m>=8)
      printf("银牌保险员\n");
    else  if(m>=6)
          printf("铜牌保险员\n");
        else  if(m>=4)
              printf("铁牌保险员\n");
            else  if(m>=0)
                  printf("红牌警示\n");
                else
                  printf("您输入的金额不正确!\n");
}
```

三、结果演示

输入 15 万元，输出金牌保险员的结果，程序结果演示如图 4-6（a）所示。

输入 9 万元，输出银牌保险员的结果，程序结果演示如图 4-6（b）所示。

输入 7 万元，输出铜牌保险员的结果，程序结果演示如图 4-6（c）所示。

输入 5 万元，输出铁牌保险员的结果，程序结果演示如图 4-6（d）所示。

输入 3 万元，输出红牌警示的结果，程序结果演示如图 4-6（e）所示。

输入 –2 万元，输出您输入的金额不正确的结果，程序结果演示如图 4-6（f）所示。

```
请输入完成金额(万元): 15
金牌保险员
Press any key to continue
```
（a）

```
请输入完成金额(万元): 9
银牌保险员
Press any key to continue
```
（b）

```
请输入完成金额(万元): 7
铜牌保险员
Press any key to continue
```
（c）

```
请输入完成金额(万元): 5
铁牌保险员
Press any key to continue
```
（d）

```
请输入完成金额(万元): 3
红牌警示
Press any key to continue
```
（e）

```
请输入完成金额(万元): -2
您输入的金额不正确!
Press any key to continue
```
（f）

图 4-6　演示结果界面

任务 8　标准体重

任务描述

本任务设计完成一个标准体重判断程序。程序运行后，按照提示信息，用户输入性别、身高（cm）和体重（kg）。男性的标准体重为身高–105；女性的标准体重为身高–110。设体重与标准体重上、下偏差 2 kg 均属标准体重，否则为不标准体重。

知识准备

一、if 语句嵌套形式

在一个 if 语句中又包含另一个 if 语句，从而构成了 if 语句的嵌套使用。内嵌的 if 语句既可以嵌套在 if 子句中，也可以嵌套在 else 子句中。常用的 if 语句嵌套形式如下：

（1）if 嵌套 if…else：

```
if()
    if()语句1;          /*内层的 if…else 语句*/
    else   语句2;
```

（2）if…else 嵌套 if…else

```
if()
        if() 语句1;      /*内层的 if…else 语句*/
        else  语句2;
    else
        if() 语句3;      /*内层的 if…else 语句*/
        else  语句4;
```

> **说　明**
>
> if 语句的嵌套形式不需要刻意追求，而是在解决实际问题的过程中随着问题的需求而设计的。

二、if 与 else 配对规则

上述形式中，因为在同一层次的书写上 if 和 else 有相同的缩进，所以 if 和 else 的配对关系还很清晰。但值得一提的是，它们的配对关系，决不是依据有相同的缩进来判定的。if 和 else 的配对关系正是 if 嵌套程序的解读关键。if 与 else 的配对规则如下：

（1）else 总是与它上面最近的尚未与 else 配对的 if 配对。

（2）如果 if 与 else 的数目不一样，为了实现程序设计的意图，可以使用加花括号来明确配对关系。

知识应用

（1）输入 3 个数，输出其中的最大值。

分析：从键盘输入 3 个数（a,b,c），首先比较 a、b 的大小，如果 a>b，那么继续比较 a 与 c 的大小；如果 a>c，最大值 max=a；否则最大值 max=c；如果 a<=b，那么继续比较 b 与 c 的大小；如果 b>c，最大值 max=b；否则最大值 max=c。

```
#include <stdio.h>
main()
{
```

```
int a,b,c,max;
printf("请输入三个数: ");
scanf("%d%d%d",&a,&b,&c);
if(a>b)
    if(a>c)
        max=a;
    else
        max=c;
else
    if(b>c)
        max=b;
    else
        max=c;
printf("最大值为: %d\n",max);
}
```

（2）三角形形状判断。

分析：从键盘输入 3 个数（a,b,c），如果这 3 个数构成一个三角形，则输出该三角形的形状信息。

① 按照三角形构成规则（两边之和大于第三边），判断是否能构成三角形；若能构成，继续判断三角形形状；若不能构成三角形，输出"不能构成三角形"。

② 判断三角形形状：如果三边相等(a==b&&b==c)，那么输出"等边三角形"；否则，继续判断；如果两边相等(a==b||b==c||a==c)，那么输出"等腰三角形"；否则，输出"普通三角形"。

```
#include <stdio.h>
main()
{
  float a,b,c;
  printf("请输入三角形三边长");
  scanf("%f%f%f",&a,&b,&c);
  if(a>0&&b>0&&c>0&&a+b>c&&a+c>b&&b+c>a)    /*三角形判定条件*/
  {
      if(a==b&&b==c)                        /*三边长相等*/
          printf("等边三角形");
      else
      {
          if(a==b||b==c||a==c)             /*两边相等*/
              printf("等腰三角形");
          else
              printf("普通三角形");
      }
  }
  else
      printf("不能构成三角形");
}
```

任务实施

一、任务流程分解

流程描述：开始程序提示用户输入性别（1 男 0 女），如果性别为"男"，则继续输入身高和体重，男性的标准体重=身高-105，然后判断输入体重与标准体重差值是否为2，如果差值为2，则输出"正常"，否则输出"不正常"；如果性别为女，则继续输入身高和体重，女性的标准体重=身高-110，然后判断输入体重与标准体重差值是否为2，如果差值为2，则输出"正常"，否则输出"不正常"；如果输入不是"男"，"女"，则提示"性别输入不正确"。

（1）程序初始化分析：定义身高、性别、体重及标准体重变量。

（2）数据录入分析：用户输入性别、身高和体重。

（3）数据处理分析：判断相关信息是否符合标准体重条件。

（4）输出结果分析。

结果1：男性，标准体重正常。

结果2：男性，标准体重不正常。

结果3：女性，标准体重正常。

结果4：女性，标准体重不正常。

结果5：其他，输入性别不正确。

二、知识扩展

（1）引入头文件

```
#include <math.h>
```
（2）使用方式：
```
#include <math.h>
fabs(bztz-tz)<=2;              /*判断两个变量之差的绝对值是否小于等于2*/
```

三、代码实现

```
#include <stdio.h>
#include <math.h>
main()
{
  float sg,tz,bztz;
  int sex;
  printf("请输入性别:(1 男  0 女)");
  scanf("%d",&sex);
  if(sex==1)
  {
     printf("请输入身高(cm)和体重(kg): ");
     scanf("%f%f",&sg,&tz);
     bztz=sg-105;
     if(fabs(bztz-tz)<=2)
        printf("正常!\n");
     else
        printf("不正常!\n");
  }
  else
     if(sex==0)
     {
        printf("请输入身高(cm)和体重(kg): ");
        scanf("%f%f",&sg,&tz);
```

```
        bztz=sg-110;
        if(fabs(bztz-tz)<=2)
            printf("正常!\n");
        else
            printf("不正常!\n");
    }
    else
        printf("性别输入错误!\n");
}
```

四、结果演示

输入性别 1，身高 175，体重 70，输出正常的结果，程序结果演示如图 4–7（a）所示。

输入性别 1，身高 175，体重 75，输出不正常的结果，程序结果演示如图 4–7（b）所示。

输入性别 0，身高 165，体重 55，输出正常的结果，程序结果演示如图 4–7（c）所示。

输入性别 0，身高 165，体重 50，输出不正常的结果，程序结果演示如图 4–7（d）所示。

输入性别 2，输出性别输入错误的结果，程序结果演示如图 4–7（e）所示。

```
请输入性别:(1男 0女)1
请输入身高(cm)和体重(kg): 175 70
正常!
Press any key to continue
```

（a）

```
请输入性别:(1男 0女)1
请输入身高(cm)和体重(kg): 175 75
不正常!
Press any key to continue
```

（b）

```
请输入性别:(1男 0女)0
请输入身高(cm)和体重(kg): 165 55
正常!
Press any key to continue
```

（c）

```
请输入性别:(1男 0女)0
请输入身高(cm)和体重(kg): 165 50
不正常!
Press any key to continue
```

（d）

```
请输入性别:(1男 0女)2
性别输入错误!
Press any key to continue
```

（e）

图 4–7　演示结果界面

任务 9　学生管理系统菜单

任务描述

本任务设计完成一个学生管理系统菜单界面。程序运行后，显示学生管理系统菜单界面，按照提示信息，用户输入相应的数字，选择具体操作功能；根据用户输入的数字，提示用户选择操作；如果用户输入的数字不在可选功能范围内，提示用户"输入不正确"。菜单界面上显示"1 学生学籍管理""2 增加学生信息""3 删除学生信息""4 修改学生信息""5 查询学生信息""6 学生成绩统计操作""0 退出系统"等内容。

知识准备

为了使循环控制更加灵活，C语言提供了 switch 语句，便于设计多选一的程序。

一、switch 语句格式

```
switch(表达式)
{
    case 常量表达式 1: 语句组 1
    case 常量表达式 2: 语句组 2
    …
    case 常量表达式 n: 语句组 n
    default : 语句组 n+1
}
```

二、switch 语句的执行

计算表达式 1 的值，并逐个与其后的常量表达式值相比较，当表达式的值与某个常量表达式的值相等时，即执行其后的语句，然后不再进行判断，继续执行后面所有 case 后的语句。如果表达式的值与所有 case 后的常量表达式均不相同时，则执行 default 后的语句。

三、switch 语句使用注意事项

（1）switch 后圆括号内"表达式"的类型，可以是任意能求得的一个整数值，如 int 类型或 char 类型值的表达式。

（2）每一个 case 的常量表达式的值必须互不相同。

（3）各个 case 和 default 的顺序可以任意，不影响执行结果。

（4）多个 case 可以共用一组语句。

```
case 'A ':
case 'B ':
case 'C':printf("成绩合格");
break;        /*也可以将这三个 case 写在一行上*/
```

（5）在 case 后，如果有一个以上执行语句，可以不用{}括起来。加上{}也不算错。

（6）各 case 和 default 子句的先后顺序可以变动，而不会影响程序执行结果。

（7）default 子句可以省略不用。

（8）switch 语句几乎和 break 分不开，尽管从语法上没有硬性的规定，但任何一个用到 switch 语句的实用程序，都离不开 break 语句。因为本质上，case 语句只是一个入口，并没有判断的功能，如果没有 break，程序就会毫无阻碍地长驱直入而不具备分支的作用。

知识应用

设计一个简单的计算器，能进行加减乘除运算。

分析：

（1）将输入的参加运算的两个数保存在 x、y 变量中。

（2）输入的运算符号是 + 、–、*、/中的一个，将其保存在字符变量 oper 中。

（3）用 switch 语句根据输入的不同运算符采用不同的计算公式。

```c
#include <stdio.h>
main()
{
    float x,y,result;
    char oper;
    printf("请输入两个数和一个运算符号");
    scanf("%f%c%f",&x,&oper,&y);
    switch(oper)
    {
      case '+': result=x+y;
          break;
      case '-': result=x-y;
          break;
      case '*': result=x*y;
          break;
      case'/': result=x/y;
          break;
    }
    printf("%.2f%c%.2f = %.2f\n",x,oper,y,result );
}
```

任务实施

一、任务流程分解

流程描述：程序开始运行后，按照提示信息，用户输入 1 进入学生学籍管理菜单、输入 2～5 进入增删改查学生信息菜单、输入 6 进入学生成绩统计操作菜单、输入 0 退出系统。通过 switch 语句控制菜单选项，如果用户输入的信息都不等于 case 后面的常量表达式，则执行 default 语句。

（1）程序初始化分析：打印菜单选项。

（2）数据录入分析：用户输入菜单选择数字。

（3）数据处理分析：使用 switch-case 语句判断用户输入。

（4）输出结果分析。

结果 1：您选择的是 1.学生学籍管理。

结果 2：您选择的是 2.增加学生信息。

结果 3：您选择的是 3.删除学生信息。

结果 4：您选择的是 4.修改学生信息。

结果 5：您选择的是 5.查询学生信息。

结果 6：您选择的是 6.学生成绩统计操作。

结果 7：谢谢使用!再见!。

结果 8：按键错误!请重新选择! 。

二、代码实现

```c
#include <stdio.h>
main()
{
    int choice;                  /*用户选择变量*/
    printf("**********&学生成绩文件管理&**********\n\n");
    printf("***********请输入所需操作**********\n");          /*选择功能菜单*/
    printf("1.学生学籍管理\n");
    printf("2.增加学生信息\n");
    printf("3.删除学生信息\n");
    printf("4.修改学生信息\n");
    printf("5.查询学生信息\n");
    printf("6.学生成绩统计操作\n");
    printf("0.退出系统\n");
    printf("********************************\n");
    printf("请选择:");
    scanf("%d",&choice);
    switch(choice)              /*多重选择实现功能不同的功能*/
    {
    case 1:
        printf("您选择的是1.学生学籍管理\n");
        break;
    case 2:
        printf("您选择的是2.增加学生信息\n");
        break;
    case 3:
        printf("您选择的是3.删除学生信息\n");
        break;
    case 4:
        printf("您选择的是4.修改学生信息\n");
        break;
    case 5:
        printf("您选择的是5.查询学生信息\n");
        break;
    case 6:
        printf("您选择的是6.学生成绩统计操作\n");
        break;
    case 0:
        printf("\n谢谢使用!再见!\n");
        break;
    default:
        printf("\n按键错误!请重新选择!\n");
    }               /*结束switch*/
}
```

三、结果演示

输入 1，输出您 "1.学生学籍管理" 的结果，程序结果演示如图 4-8（a）所示。

输入 6，输出 "6.学生成绩统计操作" 的结果，程序结果演示如图 4-8（b）所示。

输入 0，输出 "谢谢使用！再见！" 的结果，程序结果演示如图 4-8（c）所示。

输入 9，输出 "按键错误！请重新选择！" 的结果，程序结果演示如图 4-8（d）所示。

```
*********&学生成绩文件管理&*********
*********请输入所需操作*********
1.学生学籍管理
2.增加学生信息
3.删除学生信息
4.修改学生信息
5.查询学生信息
6.学生成绩统计操作
0.退出系统
**********************************
请选择:1
您选择的是1.学生学籍管理
Press any key to continue
```

（a）

```
*********&学生成绩文件管理&*********
*********请输入所需操作*********
1.学生学籍管理
2.增加学生信息
3.删除学生信息
4.修改学生信息
5.查询学生信息
6.学生成绩统计操作
0.退出系统
**********************************
请选择:6
您选择的是6.学生成绩统计操作
Press any key to continue
```

（b）

```
*********&学生成绩文件管理&*********
*********请输入所需操作*********
1.学生学籍管理
2.增加学生信息
3.删除学生信息
4.修改学生信息
5.查询学生信息
6.学生成绩统计操作
0.退出系统
**********************************
请选择:0

谢谢使用!再见!
Press any key to continue
```

（c）

```
*********&学生成绩文件管理&*********
*********请输入所需操作*********
1.学生学籍管理
2.增加学生信息
3.删除学生信息
4.修改学生信息
5.查询学生信息
6.学生成绩统计操作
0.退出系统
**********************************
请选择:9

按键错误!请重新选择!
Press any key to continue
```

（d）

图 4-8　演示结果界面

本 章 小 结

前面章节中介绍的基础知识，能够完成顺序执行的控制程序。本章开始体现 C 语言的强大之处，在执行过程中根据用户输入的数据或计算的结果来确定下一步的操作。本章学习了如何利用条件运算符来比较变量，再使用 if、if-else 和 switch 语句来控制程序执行过程。根据不同的执行过程，会有不同的结果输出。

本章重点内容是条件语句的格式、选择结构及分支的嵌套。难点内容为分支结构的产生和条件表达式的确定。选择结构是根据"条件"来决定选择哪一组语句，编程前，首先对要解决的问题进行逻辑分析，再确立每个分支点的判定条件，并确定每个分支各自的出入通道，要把各种情况所对应的处理语句都列出来。

练 习 题

一、选择题

1. 逻辑运算符两侧运算对象的数据类型是（　　　　）。
   A. 只能是 0 或 1　　　　　　　　　　B. 只能是 0 或非 0 正数
   C. 只能是整型或字符型数据　　　　　D. 可以是任何类型的数据

2. 已知 x=43，ch='A'，y=0，则表达式(x>=y&&ch<'B'&&!y)的值是（　　　　）。
   A. 0　　　　　　　B. 语法错　　　　　C. 1　　　　　　　D. "假"

3. 已知 int x=10，y=20，z=30，以下语句执行后 x、y、z 的值是（　　　　）。
   ```
   if(x>y)
   z=x;x=y;y=z;
   ```
   A. x=10,y=20,z=30　　　　　　　　　B. x=20,y=30,z=30
   C. x=20,y=30,z=10　　　　　　　　　D. x=20,y=30,z=20

4. 设有：int a=1，b=2，c=3，d=4，m=2，n=2，执行(m=a>b)&&(n=c>d)后 n 的值是（　　　　）。
   A. 0　　　　　　　B. 2　　　　　　　C. 3　　　　　　　D. 4

5. 判断 char 型变量 cl 是否为小写字母的正确表达式是（　　　　）。
   A. 'a'<=cl<='z'　　　　　　　　　　B. (cl>=a)&&(cl<=z)
   C. ('a'>=cl)||('z'<=cl)　　　　　　D. (cl>='a')&&(cl<='z')

6. 以下不正确的 if 语句形式是（　　　　）。
   A. if(x>y&&x!=y);
   B. if(x==y) x+=y;
   C. if(x!=y) scanf("%d",&x) else scanf("%d",&y)
   D. if(x<y) {x++;y++;}

二、填空题

1. C 语言中用_____表示逻辑值"真"，用_____表示逻辑值"假"。
2. 表示"整数 x 的绝对值大于 5"时值为"真"的 C 语言表达式是_____。
3. 将下列运算符按优先级由高到低进行排序：_____。
   　+　%　!　=　&&　>=　||　!=　?:
4. 能正确表示 a 的范围"5≤a≤10"的 C 语言表达式是_____。
5. 能正确表示逻辑关系"a≥10 或 a≤0"的 C 语言表达式是_____。

三、程序设计

1. 某市不同车牌的出租车 3 公里的起步价和计费分别为：夏利 7 元，3 公里以外 1.9 元/公里；富康 8 元，3 公里以外 2.2 元/公里；桑塔纳 9 元，3 公里以外 2.5 元/公里。从键盘输入乘车的车型及行程公里数，输出应付的车费。

2. 从键盘输入一个整数，打印出它是奇数还是偶数。

3. 输入 3 个数，将其中最小数输出。

4. 输入某学生成绩，若成绩在 90 分以上，输出等级为 A 等，若成绩在 80 分以上输出 B 等，若成绩在 70 分以上输出 C 等，若成绩在 60 分以上输出 D 等，若成绩低于 60 分，输出 E 等。用 if 语句和 switch 语句两种方法实现。

第 5 章

循环结构程序设计

循环结构是结构化程序设计的基本结构之一，它与顺序结构、选择结构一起是构成各种复杂程序的基础。因此掌握循环结构的概念及其使用是程序设计的最基本的要求。

循环是指在一定条件下对同一个程序段重复执行若干次。循环结构又称重复结构，凡是规律性、重复性的运算等操作，都要用到循环结构。几乎所有实用的程序都包含循环。

C 语言的循环结构用循环语句来实现。共有 3 种类型的循环语句：while 语句、do—while 语句和 for 语句。本章重点讲述这 3 个语句的形式、功能及其使用，能用这 3 个语句编写循环结构程序。

任务 10　淘宝销售衣服价格统计

任务描述

本任务设计完成一个销售衣服价格统计程序。程序运行后，提示输入衣服价格，待用户输入后，循环提示用户输入下一件衣服价格。每次用户输入后判定输入的价格是否为 0，如果价格为 0，则结束循环并输出销售衣服的件数以及衣服总价，否则继续提示用户输入衣服价格。

知识准备

一、循环结构程序设计思想

在许多实际问题中会遇到具有规律性的重复运算或者重复操作的内容，因此就需要在程序中将某些语句重复执行，这些语句叫做循环体。每重复一次都必须做出是继续重复还是停止重复的决定，这个决定所依据的条件称为循环继续的条件。循环体与循环继续的条件一起构成所谓的循环结构。例如，求 1～100 的累计和。根据已有的知识，虽然可以用"1+2+3+…+100"来求解，但显然很烦琐。进一步，如果要求"1+2+3+…+10000"的累计和呢？

现在不妨换个思路来考虑 "1+2+3+…. +100" 的累加和。首先设置一个累加和变量 sum，其初值为 0，利用 sun=sun+n 来计算（n 依次取 1、2、…、100），n 为循环控制变量，用于控制循环的次数（即构成循环继续的条件）。

从上述问题解决可以看出，循环结构程序的设计要考虑两个方面：

（1）循环继续的条件。循环继续的条件是循环结构设计的关键，它决定着循环体重复执行的次数。通常可以利用关系表达式和逻辑表达式来构成。

（2）循环体。循环体是需要重复执行的语句。它可以是顺序结构语句，也可以是选择结构语句，甚至也可以是循环结构语句。

循环结构程序的设计就是要正确描述循环继续的条件并针对问题分析出其规律性，利用循环控制语句进行处理。

二、while 语句介绍

while 语句用来实现"当型"循环结构。其一般形式为：

```
while( 表达式)
{
    循环体语句
}
```

while 语句的流程图如图 5-1 所示。

执行过程：while 语句执行时，首先计算表达式（循环继续的条件）的值，若表达式为非 0（真），则执行循环体语句，然后再计算表达式的值，只要不为 0，继续执行循环体语句，如此重复，直到表达式的值为 0（假）为止，流程控制转到循环结构的下一条语句。

图 5-1　while 语句流程图

三、do-while 语句介绍

do-while 语句的一般形式：

```
do
{
    循环体语句
}while(表达式) ;
```

do-while 语句流程如图 5-2 所示。

执行过程：先执行循环体中的语句，然后再判断 while 表达式的值，只要不为 0，继续执行循环体中的语句，如此重复，直到表达式的值为 0 为止，流程控制转到循环结构的下一条语句。

图 5-2　do-while 语句流程图

四、while 语句与 do-while 语句的特点及使用注意事项

while 语句的特点：先判断表达式，后执行语句，循环体语句至少执行 0 次；do-while 语句特点是：先执行一次循环体语句，后判断表达式，循环体语句至少执行 1 次；这是 while 语句与 do-while 语句的本质区别。

while 与 do-while 语句中的循环体语句也称为循环体，它既可以是简单语句也可以是复合语句。

循环体内一定要有改变循环继续条件的语句，使循环趋向于结束，否则循环将无限进行下去，造成"死循环"。

为使循环能正确地开始运行，还要做好循环前的准备工作，就是进行循环变量初始化，使其有初值。

知识应用

（1）用 while 语句实现从键盘依次输入学生的 C 语言成绩，当输入–1 时，停止输入，输出学生人数及平均成绩。

分析：

① "当输入–1 时，停止输入"，不等于–1 时，输入学生成绩（循环条件）。很容易想到"当型"循环，凡程序题意描述中出现此类字样均可考虑用"当型"语句解决。

② 若输出学生人数，就要设置一个变量，输入一个学生成绩，变量增 1。

③ 平均成绩 = 总成绩/学生人数，因此要对输入的成绩进行累加，需设置累加和变量，其初值应清零。

用 while 语句编写的程序如下：

```c
#include <stdio.h>
main()
{
  int n;
  float sum,score,average ;
  n=0;
  sum=0;
  printf("请输入学生成绩: \n");
  scanf("%f",&score);
  while(score!=-1)                /*输入-1时，循环结束*/
  {
      n++;                        /*记录学生人数*/
      sum=sum+score;              /*成绩累加*/
  scanf ("%f",&score);
  }
  average=sum/n;                  /*求平均成绩*/
  printf("学生人数是%d,平均成绩是: %.2f\n",n,average);
}
```

（2）用 do–while 实现提款机密码验证功能。

分析：

① 在银行自动提款机上取钱时，输入密码只给 3 次机会，如果输入密码正确，则提示"密码正确，请取款！"；如果 3 次输入密码都不正确，则提示"密码错误，请取卡！"。对于密码是否正确的判断需要进行 3 次，至少执行 1 次，因此选择 do–while 循环语句实现。

② 本程序假设密码为"123"，如果输入密码为"123"，则提示"密码正确，请取款！"，否则提示"密码错误，请取卡！"。

```c
#include <stdio.h>
main()
{
  long pw;
  int i=0;
  int temp=0;
  do
  {
      printf("请输入密码: ");
```

```
    scanf("%ld",&pw);
    i++;
    if(pw==123)        /*判断密码是否为 123*/
    {
        temp=1;        /*密码输入正确时，temp 值变为 1*/
        break;
    }
}while(i<3);
if(temp==1)
    printf("密码正确，请取款！\n");
else
    printf("密码错误，请取卡！\n");
}
```

任务实施

一、任务流程分解

流程描述：程序开始，提示用户输入第 1 件衣服价格，待用户输入后循环提示用户输入下一件衣服价格，每次用户输入后判定输入的价格是否为 0；如果输入为 0，则结束循环并输出销售衣服的件数以及衣服总价，否则继续提示用户输入衣服价格。

（1）程序初始化分析：初始化变量，提示用户输入第 1 件衣服价格。

（2）数据录入分析：记录用户每次输入的衣服价格。

（3）数据处理分析：判断每次用户输入的价格是否为 0，累加用户输入的衣服价格。

（4）输出结果分析：输出衣服的件数和衣服的总价。

二、代码实现

```
#include <stdio.h>
main()
{
  int count,num,total;
  count=1;                    /*用 count 记录衣服的件数*/
  total=0;                    /*total 记录衣服的总价*/
  printf("请输入第 1 件衣服价格（元）: ");
  scanf("%d",&num);
  while(num!=0)               /*输入 0 时，循环结束*/
  {
    total=total+num;         /*衣服价格累加*/
    count++;                 /*衣服件数增 1*/
    printf("请输入第%d 件衣服价格（元）: ",count);
    scanf("%d",&num);
  }
  /* 最后一件衣服的价格输入为 0，是循环结束条件，因此衣服的实际件数为 count-1 */
  printf("今天累计销售衣服%d 件，总价为: %d 元\n",count-1,total); }
```

三、结果演示

输入 5 件衣服的价格,输出累计销售衣服的件数以及总价格的结果,程序结果演示如图 5-3（a）所示。

输入 0 件衣服的价格,输出累计销售衣服的件数以及总价格的结果,程序结果演示如图 5-3（b）所示。

```
请输入第1件衣服价格（元）：243
请输入第2件衣服价格（元）：312
请输入第3件衣服价格（元）：536
请输入第4件衣服价格（元）：321
请输入第5件衣服价格（元）：548
请输入第6件衣服价格（元）：0
今天累计销售衣服5件，总价为：1960元
Press any key to continue
```
（a）

```
请输入第1件衣服价格（元）：0
今天累计销售衣服0件，总价为：0元
Press any key to continue
```
（b）

图 5-3 演示结果界面

任务 11 警察抓逃犯

任务描述

本任务设计完成一个简单的警察抓逃犯的程序。一天夜里,一司机撞伤行人之后逃跑,经交警调查后,有 4 名目击者,但是他们都没有看清楚车牌号码,只有一些模糊记忆。

甲说:"车牌号的后两位相同"。

乙说:"车牌号是 4 位数"。

丙说:"车牌号的前两位加起来为 8"。

丁说:"车牌号尾号是偶数,第一位不是 0"。

请编写程序确定车牌范围,帮助交警抓逃犯。

知识准备

C 语言中的 for 语句使用最为灵活,它不仅可以用于循环次数已经确定的情况,而且可用于循环次数不确定而只给出循环结束条件的情况,它完全可以代替 while 语句和 do-while 语句。

for 语句介绍

1. for 语句来的一般形式

```
for(表达式1; 表达式2; 表达式3)
    循环体语句
```

例如:

```
for(i=1;i<=100;i++)        /*1~100 的累加*/
    sum=sum+i;
```

2. for 语句流程图及其执行过程（见图 5-4）

执行 for 语句时，首先执行表达式 1，然后计算表达式 2 的值，若表达式 2 的值非 0，则执行循环体语句，接着执行表达式 3，再计算表达式 2，并判断表达式 2 的值是否非 0，若非 0，接着执行循环体语句，如此循环下去，直到表达式 2 的值为 0 时，循环结束，流程控制转到循环结构的下一语句。

图 5-4 for 语句流程图

3. for 语句使用注意事项

（1）for 语句中，表达式 1 通常为赋值表达式，也可以是逗号表达式，一般为循环变量赋初值，仅执行一次；表达式 2 通常是关系或逻辑表达式，有时也可以是数值表达式或者字符表达式，用来作为循环继续的条件。表达式 3 通常为算术表达式或赋值表达式，使循环变量改变。

（2）循环体语句可以是单语句，也可以是复合语句。

（3）for 语句中的 3 个表达式都能省略，但是分号必须保留。

① 表达式 1 省略，此时要注意应在 for 语句之前给循环变量赋初值。例如：

```
i=1;
for(;i<=100;i++)
{
  printf("%d",i);
}
```

② 表达式 3 省略，此时应注意用循环体内有改变循环变量值的语句来结束循环。否则循环将无限进行下去。例如：

```
for(i=1;i<=100;)
{
  printf("%d",i);
  i++;
}
```

③ 表达式 2 省略，表示无条件循环，就是认为表达式 2 始终为真，此时可以在循环体内使用 if 语句和 break 语句相配合来实现循环的结束。例如：

```
for(i=1;;i++)
{
  printf("%d",i);
  if(i>100) break;    /*break 语句用来结束循环结构，其作用后面会详细介绍*/
}
```

④ 表达式 1 和表达式 3 省略，即只给出了循环条件，这种情况下，for 语句完全等同于 while 语句。例如：

```
i=1;
for(;i<=100; )
{
  printf("%d",i);
  i++;
}
```

```
i=1;
while(i<=100)
{
  printf("%d",i);
  i++;
}
```

⑤ 3 个表达式都可省略，如：

```
for(;;)
```

知识应用

（1）农场里有鸡和兔，已知鸡和兔一共有 40 只，脚一共有 100 只，请统计鸡兔各有多少只。

分析：

① 定义两个整型变量 ji、tu 分别表示鸡和兔的个数。

② 鸡从 1 开始最多到 39 只，即 ji 的取值范围为 1～39，用 for 语句实现；鸡兔共有 40 只，那么兔的个数为 40-ji。

③ 每只鸡 2 只脚，每只兔 4 只脚，需要满足共有 100 只脚的条件，用 if 语句判断 ji*2+tu*4==100。条件成立输出鸡和兔的只数。

```
#include <stdio.h>
main()
{
    intji,tu;
    for(ji=1;ji<=39;ji++)          /*ji 的取值范围为 1～39*/
    {
        tu=40-ji;
        if(2*ji+4*tu==100)          /*满足脚有 100 只条件时，输出鸡兔的个数*/
            printf("鸡%d 只，兔%d 只\n",ji,tu);
    }
}
```

（2）某校组织学生参加夏令营，共计 15 天，共计行程 414 km。已知同学们晴天日行 32 km，雨天日行 21 km。编写程序，计算整个夏令营期间，雨天、晴天各多少天。

分析：

① 定义两个整型变量 qt、yt 分别表示晴天数和雨天数。

② 晴天数从 1 开始最多到 14 天，即 qt 的取值范围为 1～14，用 for 语句实现；夏令营共计 15 天，那么雨天数为 15-qt。

③ 晴天日行 32 km，雨天日行 21 km，共计行程 414 km。用 if 语句判断 qt*32+yt*21==414。条件成立输出晴天和雨天的个数。

```
#include <stdio.h>
main()
{
    int qt,yt;
    for(qt=1;qt<=14;qt++)          /*晴天取值范围为 1～14*/
    {
        yt=15-qt;
        if(qt*32+yt*21==414)          /*满足共计行程 414 时，输出晴天和雨天天数*/
            printf("晴天: %d 天，雨天: %d 天\n",qt,yt);
    }
}
```

任务实施

一、任务流程分解

流程描述：首先，车牌号是四位数，车牌范围应为 1 000～9 999；然后，假设车牌四位数分别为 q、b、s、g，那么车牌的后两位相同，即 s==g；车牌的前两位相加为 8，即 q+b==8；车牌尾号为偶数，即车牌可以被 2 整除。

（1）程序初始化分析：设定 for 循环条件，chepai 循环条件初始值为 1000，结束值为 9999。

（2）数据处理分析：q=chepai/1000; b=chepai/100%10;s=chepai/10%10;g=chepai%10。

用 if 语句进行判断，是否满足 s==g &&q+b==8 && chepai%2==0 条件。

（3）输出结果分析：输出车牌的可能值。

二、代码实现

```c
#include <stdio.h>
main()
{
  int chepai,q=0,b=0,s=0,g=0;
  for(chepai=1000;chepai<=9999;chepai++)
  {
    q=chepai/1000;        /*计算 4 位车牌的千位*/
    b=chepai/100%10;      /*计算 4 位车牌的百位*/
    s=chepai/10%10;       /*计算 4 位车牌的十位*/
    g=chepai%10;          /*计算 4 位车牌的个位*/
    if(s==g &&q+b==8 && chepai%2==0 )  /*判断满足目击证人的条件，输出车牌*/
      printf("%d\t",chepai);
  }
}
```

三、结果演示

根据已知的条件判断所有可能，逐一输出符合条件的可能的结果，程序结果演示如图 5-5 所示。

图 5-5　演示结果界面

任务 12　水 仙 花 数

任务描述

打印出所有的"水仙花数"。所谓"水仙花数"，是指一个 3 位数，其个位、十位和百位数字的立方和等于该数本身。例如，153 就是一水仙花数，因为 $153=1^3+5^3+3^3$。程序通过嵌套的 for 循环分别控制个位、十位及百位的增长，在最内层循环体中判断是否符合水仙花数的条件，符合即打印出结果。

循环嵌套

在实际问题中，使用单层循环结构往往无法实现复杂的问题，需要用两层或多层循环结构才能解决。在一个循环体内包含另一个循环结构，称为循环的嵌套。三种循环不仅可以自身嵌套，还可以相互嵌套。

循环嵌套的形式有 7 种：

（1）
```
while(e1)
{
    …
    while(e2)
    {s}
    …
}
```

（2）
```
while(e1)
{
    …
    do
    {s}while(e2);
    …
}
```

（3）
```
while(e1)
{
    …
    for(e2;e3;e4)
    {s}
    …
}
```

（4）
```
do
{
    …
    do
    {s}while(e2);
    …
}while(e1);
```

（5）
```
do
{
    …
    while(e2)
    {s}
    …
}while(e1);
```

（6）
```
do
{
    …
    for(e2;e3;e4)
    {s}
    …
}while(e1);
```

（7）
```
for(e1;e2;e3)
{
    …
    for(e4;e5;e6)
    {s}
    …
}
```

（8）
```
for(e1;e2;e3)
{
    …
    while(e4)
    {s}
    …
}
```

（9）
```
for(e1;e2;e3)
{
    …
    do
    {s}while(e4 );
    …
}
```

知识应用

（1）全班有 40 名学生，每名学生考 7 门课。要求分别统计出每名学生的平均成绩。

分析：利用 while 循环控制学生人数为 40 人，循环体中利用 for 循环控制录入每名学生的各门课成绩，每次录入完成全部 7 门成绩后计算该名同学的成绩并输出，然后继续输入下一名同学的成绩。全部 40 名同学成绩输入完毕后，提示"成绩计算完毕!"

```c
#include <stdio.h>
main()
{
    int i,j,score,sum;
    float aver;
```

```
    j=1;
    while(j<=40)
    {
        sum=0;
        for(i=1;i<=7;i++)
        {
            printf("输入第%d名同学的第%d门成绩:",j,i);
            scanf("%d",&score);
            sum=sum+score;
        }
        aver=sum/7;
        printf("第%d名同学的平均成绩为: %.2f\n",j,aver);
        j++;
    }
    printf("成绩计算完毕! ");
}
```

（2）输出九九乘法表。

分析：定义两个整型变量 i、j 分别表示行数和列数，用双重循环控制 i 和 j 的变化，外层 i 的变化为 1～9，内存 j 的变化为 1～i；在内层循环中输出 i、j 及 i*j；内层循环结束时输出换行符，外层循环结束即程序结束。

```
#include <stdio.h>
main()
{
    int i,j;
    for(i=1;i<=9;i++)      /*用双重循环，控制 i, j 的变化*/
    {
        for(j=1;j<=i;j++)
            printf("%d*%d=%2d\t",j,i,i*j);   /*输出 i、j、i 与 j 的乘积*/
        printf("\n");      /*每一行结束后，输出换行*/
    }
}
```

任务实施

一、任务流程分解

流程描述：要求打印出所有的"水仙花数"。所谓"水仙花数"，是指一个 3 位数，其各位数字立方和等于该数本身。例如，153 是一水仙花数，因为 $153=1^3+5^3+3^3$。程序首先限定 for 循环条件：个位数从 1 到 9 循环，嵌套十位数从 0 到 9 循环，嵌套百位数从 0 到 9 循环，利用 if 语句判定个位、十位和百位立方之和是否等于这个三位数值，如果是则输出水仙花数，否则继续循环，直至循环从最内层到最外层结束。

（1）程序初始化分析：初始化 for 循环的个位、十位、百位数字。

（2）数据录入分析：由外向内逐层循环。

（3）数据处理分析：最内层循环体判断是否符合水仙花添加。

（4）输出结果分析：输出水仙花数字。

二、知识扩展

（1）在循环嵌套时，要保证一个循环完全在另一个循环之中，不能出现循环结构交叉。

（2）在循环嵌套执行过程中，要注意内部循环执行结束后，方可执行外部循环。

三、代码实现

```
#include <stdio.h>
main()
{
  int a,b,c;
  printf("水仙花数是:\n");
  for(a=1;a<10;a++)
     for(b=0;b<10;b++)
        for(c=0;c<10;c++)
        {
           if(a*a*a+b*b*b+c*c*c==a*100+b*10+c)
              printf("%-5d\n",a*100+b*10+c);
        }
}
```

四、结果演示

输出"水仙花数"的结果，程序结果演示如图 5-6 所示。

```
水仙花数是:
153
370
371
407
Press any key to continue
```

图 5-6　演示结果界面

任务 13　猜　数　字

任务描述

本任务设计完成一个猜数字程序。程序运行后，按照提示信息，用户输入数字，该数字与系统随机产生数字（范围在 1～999 之间的随机数）进行比较，输出这两个数字的大小关系作为用户下次输入数据的提示信息；当用户输入数字与系统随机产生的数字相等时，即数字被猜对了，提示用户"恭喜你猜对了!"，并输出用户猜数字所用的时间。

知识准备

为了使循环控制更加灵活，C 语言提供了两种无条件转移控制语句的——break 语句、

continue 语句。无条件转移控制语句的主要作用是改变程序的运行流程。

一、break 语句的使用

（1）break 语句格式：

```
break;
```

（2）break 语句的功能：

① 用在 switch 语句中，使某个 case 子句执行后，控制立刻跳出 switch 结构。

② 用在循环语句的循环体中，可以从循环体内跳出循环体，提前结束该层循环，继续执行后面的语句。

（3）break 语句使用注意事项：

① 在嵌套循环中，break 语句仅能退出一层（当前）循环。

② 若在循环语句中包含了 switch 语句，那么 switch 语句中的 break 语句仅能使控制退出 switch 语句。

二、continue 语句的使用

（1）continue 语句格式：

```
continue;
```

（2）continue 语句的功能：

① continue 语句仅能在循环语句中使用，它的作用是结束本次循环，而且开始一次新的循环。

② 对于 for 语句，将控制转到执行表达式 3 和条件测试部分。

③ 对于 while 和 do-while 语句，将控制转到条件测试部分。

（3）continue 语句使用注意事项：

① continue 语句只能用在循环结构，不能用在 switch 结构中。

② continue 语句常用来和 if 语句配合使用，用来实现特定作用的循环。

三、break 语句与 continue 语句的比较

（1）continue 语句与 break 语句相似，它们均可以和 if 语句配合使用，用来实现特定作用的循环，但 continue 语句使用的频率要少得多。

（2）continue 语句与 break 语句不同，continue 语句只能结束本次循环，而不是跳出循环体，它跳出当前的这一次循环，马上进行下一次循环的判断（在 while 语句和 do-while 语句中，这意味着马上执行条件测试部分；在 for 语句中，程序执行方向转到增量步骤，也就是表达式 3 的位置）。而 break 语句则是结束整个循环过程，不再判断执行循环的条件是否成立。

知识应用

（1）分析程序运行结果，体会 break 语句的作用。

```
#include <stdio.h>
main()
{
  int i;
```

```
    for(i=0;i<=10;i++)
    {
        if(i%5==0)
            break;
        printf("%4d",i);
    }
}
```

（2）打印 A～Z 这 26 个字母，然后只打印出 M。

```
#include <stdio.h>
main()
{
    int ch=0;
    for(ch=65;ch<=90;ch++)
        printf("%c\t",ch);
    printf("\n\n");
    for(ch=65;ch<=90;ch++)
    {
        if(ch==77)
        {
            printf("%c\t",ch);
            break;
        }
    }
    printf("\n\n");
}
```

（3）分析程序运行结果，体会 continue 语句的作用。

```
#include <stdio.h>
main()
{
    int i;
    for(i=0;i<=10;i++)
    {
        if(i%5==0)
            continue;
        printf("%4d",i);
    }
}
```

（4）打印 A～Z 这 26 个字母，然后在此基础上去掉 Q。

```
#include <stdio.h>
main()
{
    int ch=0;
    for(ch=65;ch<=90;ch++)
        printf("%c\t",ch);
    printf("\n\n");
    for(ch=65;ch<=90;ch++)
    {
        if(ch==81)
```

```
        continue;
      printf("%c\t",ch);
    }
    printf("\n\n");
  }
```

任务实施

一、任务流程分解

流程描述：开始游戏，程序自动产生要猜测的数字（范围在 1～999 之间的随机数），用户进行数字猜测，程序根据用户猜测，产生不同的应答，当猜测正确时，显示用户猜测数字所用的时间。

（1）程序初始化分析：记录当前时间，产生随机数。

（2）数据录入分析：用户录入猜测的数字。

（3）数据处理分析：产生随机数和猜测数字比较大小关系。

（4）输出结果分析。

结果 1：随机数大于猜测数字，程序提示"太大了"。

结果 2：随机数小于猜测数字，程序提示"太小了"。

结果 3：随机数等于猜测数字，程序提示"恭喜你猜对了！你的用时为××s"。

二、知识扩展

1. 产生随机数 rand()

（1）引入头文件：

stdlib.h

（2）使用方式：

```
srand((unsigned)time(NULL));   /*设置一次随机种子*/
num=rand();                    /*产生一个 0～65535 之间的随机数*/
```

使用 rand()函数要先设置随机种子。

2. 时间记录 clock()：

（1）引入头文件：

time.h

（2）使用方式：

```
clock();                       /*产生一个毫秒为单位的数字。*/
```

从"开启这个程序进程"到"程序中调用 clock()函数"时，之间的 CPU 时钟计时单元（clock tick）数，单位为毫秒（ms）。

三、代码实现

```
#include <stdio.h>
#include <stdlib.h>
#include <time.h>
```

```
main()
{
  printf("=============================\n");
  printf("  *****欢迎使用猜数字软件*****\n");
  printf("=============================\n");
  printf("请问是否要进行猜数字游戏(Y/N):");
  char ch;
  int num,ce,js;
  float fk,fe,fh;
  ch=getchar();
  if(ch=='Y'||ch=='y')
  {
    while(1)
    {
      printf("开始计时\n");
      srand((unsigned)time(NULL));
      num=rand()%1000;
      fk=clock();
      while(1)
      {
        printf("请进行数字猜测(1-1000): ");
        scanf("%d",&ce);
        if(ce>num)
          printf("太大了\n");
        if(ce<num)
          printf("太小了\n");
        if(ce==num)
        {
          fe=clock();
          fh=(fe-fk)/1000.0;
          printf("恭喜你猜对了! \n");
          printf("你的用时为%.4fs\n",fh);
          break;
        }
      }
      printf("按1重新进行游戏，按2退出游戏: ");
      scanf("%d",&js);
      if(js==2)
        break;
    }
  }
  else
    if(ch=='N'||ch=='n')
      printf("退出程序! \n");
    else
      printf("您的输入有误! \n");
}
```

四、结果演示

输入 Y 开始计时猜数字，随机猜测数字直到正确输出所用时间，根据提示输入 1 重新开始猜数字游戏，程序结果演示如图 5-7（a）所示。

输入 N 退出程序，程序结果演示如图 5-7（b）所示。

输入其他内容，输出"您的输入有误"的结果，程序结果演示如图 5-7（c）所示。

（a）

（b）

（c）

图 5-7　演示结果界面

本 章 小 结

本章重点内容为 3 种循环控制语句的使用及如何运用循环嵌套来解决具有规律性重复运算或重复操作。利用 3 种流程控制语句（while、do-while、for）编写循环结构程序，其共同点是：3 种循环都可以处理同一问题，一般可以互相代替；均可用 break 语句跳出循环，用 continue 语句结束本次循环；它们可以相互嵌套构成多重循环。其不同点是：while 和 for 结构是先判定表达式，后执行循环，若条件不满足，则不执行循环体，而 do-while 结构是先执行循环语句，后判定表达式。在解决实际问题时，要根据问题的需要，选择适当的语句，以达到程序结构清晰、简洁、可读性强。

本章难点内容为 break 与 continue 的灵活运用。在使用时它们通常与 if 语句配合使用出现在循环结构程序中。两者主要区别是：break 语句可用于 switch 结构或者循环结构，而 continue 语句只能用在循环结构成。在循环结构程序中 break 语句是结束整个循环过程，不再判断执行的循环条件是否成立，而 continue 语句只结束本次循环，而不是终止整个循环的执行。

练 习 题

一、选择题

1. 下面有关 for 循环的正确描述是（　　　）。

　　A．for 循环只能用于循环次数已经确定的情况。

  B. for 循环是先执行循环语句，后判定表达式。

  C. 在 for 循环中，不能用 break 语句跳出循环体。

  D. for 循环体语句中，可以包含多条语句，但要用花括号括起来。

2. 对于 for(表达式 1; ; 表达式 3) 可理解为（　　　　）。

  A. for（表达式 1；0；表达式 3）

  B. for（表达式 1；1；表达式 3）

  C. for（表达式 1；表达式 1；表达式 3）

  D. for（表达式 1；表达式 3；表达式 3）

3. 执行语句 for(i=1;i++<4;) 后变量 i 的值是（　　　　）。

  A. 3   B. 4   C. 5   D. 不定

4. 语句 while(!E) 中的表达式 !E 等价于（　　　　）。

  A. E==0   B. E!=1   C. E!=0   D. E==1

5. t 为 int 类型，进入下面的循环之前，t 的值为 0，则以下叙述中正确的是（　　　　）。

```
while( t=1)
{...}
```

  A. 循环控制表达式的值为 0   B. 循环控制表达式的值为 1

  C. 循环控制表达式不合法   D. 以上说法都不对

二、填空题

1. 以下程序的功能是：计算 1 到 10 之间的奇数之和及偶数之和。

```
main()
{
    inta,b,c,i;
    a=c=0;
    for(i=0;i<=10;i+=2)
    {
        a+=i;
        _____;
        c+=b;
    }
    printf("The sum of even number is %d\n",_____);  /*输出偶数之和*/
    printf("The sum of odd number is %d\n",c-11);         /*输出奇数之和*/
}
```

2. 下面程序的功能是输出 100 以内能被 3 整除且个位数为 6 的所有整数。

```
main()
{
int i,j;
for(i=0;_____;i++)
{
    j=i*10+6;
    if(_____)
       continue;
     printf("%3d",j);
   }
}
```

三、程序设计

1. 求 s=12+22+32+…92 的值。

2. 试编程求 100 以内的所有完全数（如果一个数除自身之外，恰好等于它的所有因子之和，则该数为完全数。例如，6=1+2+3，则 6 就是一个完全数。）。

3. 编写程序，输出从公元 1000 至 2000 年所有闰年的年号。每输出 3 个年号换一行。判断公元年是否为闰年的条件是：

（1）公元年数如能被 4 整除，而不能被 100 整除，则是闰年。

（2）公元年数能被 400 整除也是闰年。

第 **6** 章

数　组

前面章节介绍了整型、字符型、实型等数据类型，可以满足基本的数据处理要求。在实际应用中，经常需要在程序中存储大量某种类型的数据，例如，如果编写一个程序，追踪一支篮球队的成绩，就要存储一个赛季的各场次分数和各个球员的得分，然后输出某个球员的赛季得分，或者在赛事进行中输出平均得分。可以利用前面所学知识编写一个程序，为每个分数使用不同的变量实现上述流程。然而，如果一个赛季里有非常多的赛事，实现起来会非常烦琐，因为每个球员都需要许多变量。分析上述情况，所有篮球分数的类型都相同，不同的是分值，但它们都是篮球赛的分数。理想情况下，应将这些分值组织在一个名称下，如以球员的名字命名，这样就不需要为每个数据项定义变量。上述问题可通过构造类型的数据实现。

C 语言提供的构造类型数据有：数组类型、结构体类型、共用体类型，这些类型为解决现实中千变万化的数据问题提供了可能。本章介绍在 C 语言中如何定义和使用数组。

任务 14　成　绩　排　名

任务描述

本任务设计完成一个成绩排名程序。程序运行后，用户输入 10 个人的成绩，用成绩数组存储输入的成绩，利用冒泡排序算法，对成绩进行排序，利用名次数组记录每个成绩的名次，完成排序后，输出每个成绩的名次。

知识准备

一、数组的概念及其理解

数组是有序数据的集合。数组中的每一个元素都属于同一个数据类型。用一个统一的数组名和下标来唯一地确定数组中的元素。

如果一个程序要对 50、100 甚至更多的变量数据进行处理，用定义变量的方式显然已经力不从心。生活中购买物品时，如果大量使用某个物品，一般会采用批发的购物方式，而在编程中，可以把数组理解为变量的批量定义和使用方式。

int a[100]表示批量定义了 100 个整型变量，这些变量用一个统一的数组名 a 以及 100 个下标来区分它们，因此这 100 个变量在 C 语言中被称为"带下标的变量"或数组元素。

二、一维数组的定义

与简单变量一样，数组也必须先定义后使用。定义一维数组的形式为：

类型说明符　数组名[常量表达式]

例如：

```
float b[50]
```

类型说明符：定义了数组的数据类型。数组的数据类型也是数组中各个元素的数据类型。同一数组中，各个元素必须具有相同的数据类型。

数组名：是用户定义的数组标识符，遵循标识符的命名规则。数组名是数组中第一个元素的首地址。

常量表达式：方括号中的常量表达式表示批量定义了多少个变量，即数组的长度。

三、一维数组元素的引用

C 语言规定只能逐个引用数组元素而不能一次引用整个数组。数组元素的表示形式：

数组名[下标]

下标可以是任何整型常量、整型变量。

（1）方括号中常量表达式表示数组元素的个数。如 a[5]表示数组 a 有 5 个元素。但下标是从 0 开始的，因此 5 个元素分别为 a[0]、a[1]、a[2]、a[3]、a[4],在使用时，下标应是 0～4，而不从 1～5。

（2）不能在方括号中用变量来表示元素的个数，但可以是符号常量或常量表达式。例如：

```
int n=5;                        /*定义变量 n*/
int a[n];                       /*用变量 n 定义数组 a*/
```

上面的程序用变量 n 来表示数组 a 的元素个数是错误的；下面的程序中用符号常量进行数组的定义是正确的。

```
#define FD 5                    /*定义符号常量 FD*/
int a[3+2];                     /*用常量定义数组 a*/
float b[7+FD];                  /*用符号常量定义数组 b*/
```

（3）允许在同一个类型说明中定义多个数组和多个变量。例如：

```
int a,b,c,d,k1[10],k2[20];
```

四、一维数组的机内表示

数组是一组有序的数据，在定义一个数组后，系统会在内存中分配一段连续的地址空间，按顺序在内存单元中存放数组的各个元素。就像宾馆安排同一批来的客人在相邻的房间住一样。例如：

```
int a[10];
```

数组 a 中的各个元素在内存的存储顺序如图 6-1 所示。

图 6-1　一维数组中元素在内存的存储顺序

五、一维数组的初始化

1. 初始化数组

在定义数组时，对数组元素进行赋初值，称为初始化数组或数组的初始化。一般格式为：

数据类型说明符　数组名[常量表达式]={初始值表};

例如：

```
int a[3]={1,3,5}
```

则：

```
a[0]=1,a[1]=3,a[2]=5
```

2. 对数组的全部元素赋值

（1）对数组的全部元素赋值，指定数组的长度。数组元素的初值依次放在一对花括号内，两个值之间用逗号分隔。例如：

```
int a[10]={0,1,2,3,4,5,6,7,8,9};
```

（2）对数组的全部元素赋值，不指定数组的长度。例如：

```
int a[]={0,1,2,3,4,5,6,7,8,9};
```

由于花括号中有 10 个值，系统自动定义数组 a 的长度为 10，即有 10 个元素，结果与上例相同。

3. 对数组的部分元素赋值

例如：

```
int a[10]={87,35,12,54,60,58};
```

只给前面的 6 个数组元素 a[0]～a[5] 赋了初值，而后面 4 个没有赋初值的数组元素 a[6]～a[9]则全部被自动初始化为 0。结果是 a[0]=87、a[1]=35、a[2]=12、a[3]=54、a[4]=60、a[5]=58、a[6]=0、a[7]=0、a[8]=0、a[9]=0。

六、数组的使用注意事项

（1）定义数组可以理解为定义了一批变量。这批变量的个数只能是常数，不能是变量。要定义的一批变量一定是同一个数据类型才可以定义为数组。

（2）数组最后一个元素的下标=数组长度–1，在使用时注意下标越界问题。

（3）每一个数组元素参加的运算和同类型的简单变量一样。

（4）初始化只能在定义的同时赋值，定义之后将数值放在花括号内给数组元素赋值的方式是错误的。

（5）数组名代表数组第一个元素的首地址，数组名放在"="的左边，在含义上相当于常量放在"="的左边。因此数组名放在"="的左边是错误的。

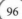 **知识应用**

（1）用数组的方法求 Fibonacci 数列前 20 项的值。

分析：Fibonacci 数列特点是第一项和第二项值都为 1，以后的每一项是前两项的和。根据此特点，程序如下：

```
#include <stdio.h>
main()
```

```
{
    int i;
    int f[20]={1,1};

    for(i=2;i<20;i++)          /*定义实型数组 f，有 20 个元素，并将前两个元素赋初值为 1*/
        f[i]=f[i-1]+f[i-2];
    for(i=0;i<20;i++)          /*给其他 18 个元素赋值*/
    {
        if(i%5==0)
            printf("\n");
        printf("%13d",f[i]);/*控制显示 5 个元素即换行*/
    }
    printf("\n");
}
```

（2）输入五名学生的数学成绩并打印。

分析：

① 数组定义的一批变量在数据的输入、处理、输出上一般都采用相同的方式。用循环结构实现批量处理。

② 常常利用循环变量和数组下标的关系进行数据的处理以及数据的输入/输出。循环变量 i=0 时，输入第一个学生的成绩，保存在 a[0] 中；i=1 时，输入第二个学生的成绩，保存在 a[1] 中，……可见，这里循环变量 i 的值和数组下标的值是相等的关系。

③ 在使用上，一般计数从 1 开始，比如第 1 个学生的成绩是 87 分，第 2 个……，而下标计数是从 0 开始的，所以在使用输出语句时，下标变量的值加 1，这样更符合使用习惯，但不是必须的。

程序如下：

```
#include <stdio.h>
main()
{
    int i,a[5];
    for(i=0;i<5;i++)
    {
        printf("请输入第%d 个学生的数学成绩：（共 5 个）\n",i+1);
        scanf("%d",&a[i]);          /*用输入函数输入 a[i]的值*/
    }
    for(i=0;i<5;i++)
        printf("第%d 个学生的成绩是：%d\n",i+1,a[i]); /*用输出函数输出 a[i]的值*/
}
```

任务实施

一、任务流程分解

流程描述：输入 10 个人的成绩，用数组存储输入的成绩，通过排序程序完成成绩排名。采用冒泡排序：依次比较相邻的两个数，将小数放在前面，大数放在后面。即在第一趟首先比较第 1 个和第 2 个数，将小数放前，大数放后。然后比较第 2 个数和第 3 个数，将小数放前，大数放后，如此继续，直至比较最后两个数，将小数放前，大数放后。至此第一趟结束，将最大的数放到了最后。在第二趟：仍从第一对数开始比较（因为可能由于第 2 个数和第 3 个数的交换，使得第 1 个数不再小于第 2 个数），将小数放前，大数放后，一直比较到倒数第二个数（倒数第一的位置上已经是最大的），第二趟结束，在倒数第二的位置上得到一个新的最大数（即整个数列中第二大的数）。如此下去，重复以上过程，直至最终完成排序。最后输出成绩排名。

（1）程序初始化分析：定义成绩数组和名次数组。

（2）数据录入分析：用户输入 10 个成绩，数组依次存储用户输入的成绩。

（3）数据处理分析：利用冒泡排序算法，对数组中的成绩从高到低排序。

（4）输出结果分析：按成绩从高到低排序输出。

二、代码实现

```c
#include <stdio.h>
main()
{
  int score[10];
  int i;
  int t;
  int j;
  int mc[10];
  int flag=0;
  printf("请输入 10 个成绩: \n");
  for(i=0;i<10;i++)
  {
    scanf("%d",&score[i]);
  }
  /*冒泡算法*/
  for(j=0;j<9;j++)                      /*冒泡的趟数  */
  {
    flag=0;
    for(i=0;i<9-j;i++)                  /*每次冒泡比较的次数*/
    {
      if(score[i]<score[i+1])    /*如果不符合排序规则，则交换相邻的两个元素*/
      {
        t=score[i];
        score[i]=score[i+1];
        score[i+1]=t;
        flag++;
      }
    }
    if(flag==0)
    {
      break;
    }
  }
  for(i=0;i<10;i++)
  {
    mc[i]=i+1;
  }
  for(i=1;i<10;i++)
```

```
    {
        if(score[i-1]==score[i])
            mc[i]=mc[i-1];
    }
    for(i=0;i<10;i++)
        printf("成绩%d 第%d名\n",score[i],mc[i]);
}
```

三、结果演示

输入 10 个人的成绩：56 78 5 87 77 57 97 78 67 99，输出第 1 名至第 10 名的成绩，程序结果演示如图 6-2 所示。

图 6-2　演示结果界面

任务 15　地 图 定 位

任务描述

本任务设计完成一个简单的地图定位程序。程序运行后，显示"10*10 地图"，然后提示用户输入要查找的数字，查找完毕后，输出数字在地图中的行列位置，否则输出查找失败。

知识准备

前面介绍的数组只有一个下标，称为一维数组。有两个下标的数组称为二维数组，有多个下标的数组称为多维数组。

一、二维数组的定义

二维数组的一般形式为：
类型说明符　数组名 [常量表达式 1] [常量表达式 2]
[常量表达式 1]：表示第一维（行）下标的长度。
[常量表达式 2]：表示第二维（列）下标的长度。
例如：
int a [3][4],b[5][10],
定义了 a 为 3×4（3 行 4 列）的数组，b 为 5×10（5 行 10 列）的数组。注意第一维下标、第二维下标都是从 0 开始计算的。

二、二维数组的机内表示

二维数组中的各个元素在机内是按行的顺序存放的，即先存放第一行的元素，再存放第二行的元素，依此类推。例如，int a[2][3];，a 数组中的各个元素在内存中的存储顺序如图 6-3 所示。

存储区
a[0][0]
a[0][1]
a[0][2]
a[1][0]
a[1][1]
a[1][2]
...

图 6-3 二维数组中元素
在内存中的存储顺序

三、多维数组的定义

多维数组的一般形式为：

类型说明符 数组名 [常量表达式 1] [常量表达式 2]…[常量表达式 n]

[常量表达式 1]：表示第一维下标的长度。

[常量表达式 2]：表示第二维下标的长度。

…

[常量表达式 n]：表示第 n 维下标的长度。

例如：

```
int a[2][2][3];
```
定义了一个三维数组 a，它由 2×2×3=12 个元素组成。即：

```
a[0][0][0]  a[0][0][1]  a[0][0][2]
a[0][1][0]  a[0][1][1]  a[0][1][2]
a[1][0][0]  a[1][0][1]  a[1][0][2]
a[1][1][0]  a[1][1][1]  a[1][1][2]
```

四、二维数组的初始化

（1）分行给二维数组赋初值。

```
int b[3][4]={{1,2,3,4},{5,6,7,8},{9,10,11,12}};
```
第一对花括号内的数值赋给数组 b 第一行的元素，第二对花括号内的数值赋给数组的第二行的元素，……，依次类推。

（2）把所有的数据写在一对花括号内。

```
int b[3][4]={1,2,3,4,5,6,7,8,9,10,11,12};
```
系统根据下标自动给每个元素赋值，但这种方法不如第一种方法直观。

（3）只对二维数组的部分元素赋初值。

例如：

```
int b[3][4]={{1},{2},{3}};
```
第一行只给第一个元素赋值，即 b[0][0] 的值为 1；第二行也只给第一个元素赋值，即 b[1][0] 的值为 2；第三行也只给第一个元素赋值，即 b[2][0] 的值为 3；其他没有赋值的元素值都为 0。

例如：

```
int b[3][4]={{1},{2,3}};
```
第一行只给第一个元素赋值，即 b[0][0] 的值为 1；第二行也给前两个元素赋值，即 b[1][0] 的值为 2，b[1][1] 的值为 3；其他没有赋值的元素值为 0。

（4）如果对二维数组的全部元素赋初值，则定义二维数组时，第一维的长度可以省略，但第二维的长度不能省。例如：

```
int b[3][4]={{1,2,3,4},{5,6,7,8},{9,10,11,12}};
```

可以写成：

```
int b[][4]={{1,2,3,4},{5,6,7,8}, {9,10,11,12}};
```

系统会自动计算出数组第一维的长度，然后进行赋值。

五、二维数组的使用注意事项

（1）二维数组元素的使用是通过双下标来实现的：数组名[下标 1][下标 2]。

（2）可以把二维数组看作一种特殊的一维数组，这个一维数组中的每一个元素又是一个一维数组。

（3）数组元素通常是按行和列来对应下标 1 和下标 2 的，利用双重 for 循环，可以简单、方便地完成二维数组元素的输入和输出。

（4）二维数组元素的下标可以是任何整型常量、整型变量。

（5）如果二维数组第一维的长度为 n，第二维的长度为 m，则引用该二维数组的元素时，第一个下标的范围为 0～（n-1），第二个下标的范围为 0～（m-1）。

（6）二维数组在处理具体问题时，其双下标的变化尤其复杂。在使用循环变量或含循环变量的表达式做下标时，应做 2～3 循环来验证下标应用的正确性，以免出现意想不到的结果。

知识应用

（1）一个银行储蓄存折表格如图 6-4 所示。请编一个程序将表格的数据存储在数组中，并能根据存折号码查询出某储户的存折记录。

分析：

① 该表数据为 5 行 2 列，可将它们放在一个 5×2 的二维数组中。

② 二维数组中的下标变量不仅有行的变化，还有列的变化。因此，输入数据时必须使用双重循环控制下标的变化，外循环变量 i 控制存折数量，内循环变量 j 控制相应存折对应的金额。

存折号码	金额
3017	2898
3018	9000
3019	6000
3020	4500
3021	10000

图 6-4　银行存折

③ 先输入号码再输入金额，将每一行每一列的数据逐个送入数组中。

④ 查询记录，以每一行的存储号码为关键字，即以行为单位从头到尾查找，当找到要查询的存折号码时，即可查到相应的金额。

```
#include <stdio.h>
main()
{
  int chux[5][2],i,j,num ;
  printf("请输入存折号码和金额: ﹙5 个﹚\n");
  for(i=0;i<5;i++)
  {
    for(j=0;j<2;j++)
      scanf("%d",&chux[i][j]);
  }
```

```
      printf("要查询的存折号码是: ");
      scanf("%d",&num);
      for(i=0;i<5;i++)
        if(chux[i][0]==num)
          printf("\n存折号码为%d的储蓄金额是%d\n",chux[i][0],chux[i][1]);
}
```

（2）在屏幕上输出九九乘法表。

分析：九九乘法表中的数值可以用一个二维表格来表示，这样可以利用二维数组来存放表格中的数据，用下标分别来表示行号和列号。

```
#include <stdio.h>
main()
{
  int i,j,a[9][9];
  for(i=0;i<9;i++)
    for(j=0;j<=i;j++)
      a[i][j]=(j+1)*(i+1);              /*计算乘法表各项值*/
  for(i=0;i<9;i++)
  {
    for(j=0;j<=i;j++)
      printf("%d*%d=%d  ",i+1,j+1,a[i][j]);
    printf("\n");                       /*输出一行后换行*/
  }
}
```

任务实施

一、任务流程分解

流程描述：程序初始化一个二维数组作为"地图"，用双重循环实现输出地图，显示在屏幕上。然后提示用户输入要查找的内容，利用双重 for 循环遍历二维数组，将输入数字与地图中的数字逐一比对，如果匹配，输出查找内容的地图坐标（行列下标），否则，输出没找到。

（1）程序初始化分析：初始化二维数组作为"地图"的内容，利用双重循环输出地图。

（2）数据录入分析：用户输入要查找的内容。

（3）数据处理分析：利用双重循环将输入数字与地图中的数字逐一比对。

（4）输出结果分析。

结果 1：找到查找内容，输出该数字的行列位置。

结果 2：没有找到查找内容，输出查找失败。

二、代码实现

```
#include <stdio.h>
main()
{
  int a[10][10];
```

```
    int i,j;
    int num;
      for(i=0;i<=9;i++)
        for(j=0;j<=9;j++)
          a[i][j]=i*10+j+1;
    printf("数字地图内容如下: \n");
    printf("*******************************\n");
      for(i=0;i<=9;i++)
      {
        for(j=0;j<=9;j++)
          printf("%4d",a[i][j]);
        printf("\n");
      }
    printf("*******************************\n");
    printf("请输入要定位的内容: ");
    scanf("%d",&num);
    for(i=0;i<=9;i++)
    {
      for(j=0;j<=9;j++)
        if(a[i][j]==num)
        {
          printf("恭喜您!!本次查找成功!\n");
          printf("此内容在数字地图中处于第%d行第%d列\n",i+1,j+1);
            return;
        }
    }
    printf("本次查找失败!");
}
```

三、结果演示

输入要定位的内容"88",输出定位结果以及位置信息,程序结果演示如图 6-5(a)所示。

输入要定位的内容"101",输出定位结果,程序结果演示如图 6-5(b)所示。

（a）　　　　　　　　　　　　　　（b）

图 6-5　演示结果界面

任务 16 用 户 登 录

任务描述

本任务设计完成一个用户登录程序，提示用户输入用户名和密码注册，注册成功后，提示用户输入登录信息；如果登录信息与注册信息一致，提示登录成功，否则提示登录错误信息。

知识准备

一、字符数组的定义

字符数组是指专门用来存放字符型数据的数组，字符数组中每一个元素存放一个字符。一般定义格式为：

```
char 数组名[常量表达式];
```

二、字符数组的初始化方法

1. 用单个字符常量对字符数组初始化

例如：

```
char ch[]={'h','a','p','p','y'};          /*注意为单引号*/
```

由于花括号中有 5 个字符常量，所以系统将确定字符数组 ch 的长度为 5。

初始化后，ch 数组中 ch[0]元素的值为 h，ch[1]的值为 a，ch[2]的值为 p，ch[3]的值为 p，ch[4]的值为 y。

2. 用字符串常量对字符数组初始化

例如：

```
char ch[]="happy";                        /*注意为双引号*/
```

用字符串常量对字符数组初始化，编译系统会自动在字符串的末尾都加上一个空字符'\0'来作为字符串的结束标志。经过上面的初始化之后，字符数组 ch 的长度为 6，前 5 个元素的值分别为 h、a、p、p、y；第六个元素 ch[5]的值为\0，为结束标志。有了'\0'标志后，就不必再用字符数组的长度来判断字符串的长度。

三、字符串（数组）的输入和输出

（1）scanf()函数输入字符串时，%s 表示以字符串的形式输入数据，每次为一个数组输入一个字符串，字符串末尾的结束标志'\0'也会被存入数组中。

（2）以%s 的形式输入字符串时，存入字符数组中的内容从输入字符中的第一个非空白字符开始，到下一个空白字符为止（包括，'\n','\t',' '）。

如输入：

```
How  are  you↙
```

则数组 ch 中的实际内容如下：

ch[0]	ch[1]	ch[2]	ch[3]	ch[4]	ch[5]
H	o	w	\0		

（3）gets()函数的作用是输入一个字符串，其调用的一般形式为：

gets(字符数组名)

与 scanf()函数使用%s 输入字符串不同的是，gets() 函数可以将输入的换行符之前的所有字符（包括空格）都存入字符数组中，最后加上字符串结束标志'\0'。

（4）printf( )函数输出字符串时，%c 表示分别引用字符数组中的每一个元素，每次输出一个字符;%s 表示以字符串的形式，一次输出整个字符数组中的所有字符。

（5）puts( )函数的作用是输出一个字符串，其调用的一般形式为：

puts(字符数组名或字符串常量);

（6）与 printf()函数不同的是，puts()函数输出字符串时，会自动在字符串的末尾输出一个换行符'\n'。

四、常用字符串处理函数

1. 测试字符串长度函数 strlen( )

函数返回值为字符串的实际长度，即不包括字符串的结束标志'\0'。

strlen()函数调用的一般形式为：

strlen(字符数组名或字符串常量)

如有：

```
char str[80]="How are you! ";
printf("该字符串的长度为: %d", strlen(str));
```

则输出：

该字符串的长度为: 12

2. 连接字符串函数 strcat( )

strcat()函数的作用是连接两个字符串，其调用的一般形式为：

strcat(字符数组1,字符数组2)

strcat()函数把字符数组 2 连接到字符数组 1 的后面，连接的结果仍放在字符数组 1 中。

如有：

```
char str1[30]="Hello," ;
char str2[20]="Every  one! ";
strcat(str1,str2);
puts(str1);
```

则会输出：

Hello,Every one!

注意

定义字符数组1时，其长度应该足够大，否则就没有多余的空间来存放连接后产生的新字符串。

3. 比较字符串函数 strcmp( )

strcmp( )函数的作用是比较两个字符串的大小，其调用的一般形式为：

strcmp(字符串1,字符串2)

如果字符串 1=字符串 2，则函数返回 0。

如果字符串 1>字符串 2，则函数返回正数。

如果字符串 1<字符串 2，则函数返回负数。

4. 复制字符串函数 strcpy( )

strcpy( )函数的作用是复制字符串，其调用的一般形式为：

strcpy(字符数组 1,字符串 2)

strcpy( )函数把字符串 2 的内容复制到字符数组 1 中。这里，字符串 2 可以是字符数组名，也可以是字符串常量，而字符数组 1 则只能是字符数组名。

> **注　意**
>
> 不能使用赋值语句将一个字符串常量或字符数组直接赋值给一个字符数组，例如：s1="hello";和 s1=s2;都是非法的。

知识应用

（1）从键盘输入一字符串，分别按顺序、逆序输出。

分析：程序中的输入函数 scanf() 中使用字符串输入方式，输入项是数组名，数组名代表了该数组的起始地址，因而不需加取地址符&；输出时输出函数 printf()中使用字符串输出方式，因此直接用数组名即可。

程序如下：

```
#include <stdio.h>
main()
{
  int n;
  char ch[250];
  printf("输入一个字符串: ");
  scanf("%s",ch);
  printf("顺序: %s\n",ch);
  for(n=0;ch[n]!='\0';++n);
     printf("逆序: ");
  for(--n;n>=0;--n)
     printf("%c",ch[n]);
  printf("\n");
}
```

（2）编写确认密码程序。

分析：

① 预置密码放在字符数组 password 中。

② 用户输入密码放在字符数组 s 中。

③ 利用比较函数 strcmp()，判断两数组内容是否相等。因为如果内容相等函数返回值为 0，所以判断时应取反。

程序如下：

```
#include <stdio.h>
#include <string.h>
```

```
main()
{
    char password[]="hello";        /*预先设置密码*/
    char s[20];
    printf("请输入密码: \n");
    gets(s);
    if(!strcmp(password,s))
        printf("密码正确! ");
    else
        printf("密码不正确! ");        /*终止程序的运行*/
    printf("请继续……");
}
```

任务实施

一、任务流程分解

流程描述：分别定义用户名、密码字符数组。首先提示用户注册，输入用户名和密码。然后进行登录操作，先比对登录的用户名与注册的用户名是否一致，如果不一致，输出"用户名不正确！"，如果一致，则继续比对登录密码与注册密码是否一致，如果密码一致，则输出"恭喜，登录成功！"，否则输出"密码不正确！"。

（1）程序初始化分析：分别定义用户名和密码字符数组。

（2）数据录入分析：用户输入注册的用户名、密码，继续输入登录用户名、密码。

（3）数据处理分析：比对注册的用户名、密码与登录的用户名、密码是否一致。

（4）输出结果分析。

结果 1：用户名密码一致，提示登录成功。

结果 2：用户名不正确。

结果 3：密码不正确。

二、知识扩展

字符串函数在使用时，主要注意函数的参数类型、个数及结果返回时的具体意义和放置的位置。例如连接字符串函数 strcat(字符数组 1,字符数组 2)，连接的结果放在字符数组 1 中，即字符数组 1 的内容被改变。又如比较字符串函数 strcmp(字符串 1,字符串 2)，如果字符串 1=字符串 2，则函数返回值为 0，判断时注意条件表达式的使用。

三、代码实现

```
#include <stdio.h>
#include <string.h>
main()
{
```

```c
    char usr[250],inputusr[250];
    char pwd[250],inputpwd[250];
    printf("*******************************\n");
    printf("              注册\n");
    printf("              ----\n");
    printf("注册第一步: 请输入用户名: ");
    scanf("%s",usr);
    printf("注册第二步: 请输入密码: ");
    scanf("%s",pwd);
    printf("恭喜您, 注册成功!\n");
    printf("*******************************\n");
    printf("              登录\n");
    printf("              ----\n");
    printf("登录第一步: 请输入用户名: ");
    scanf("%s",inputusr);
    if(strcmp(usr,inputusr))
    {
        printf("用户名不正确!\n ");
printf("*******************************\n");
        return;
    }
    else
    {
        printf("登录第二步: 请输入密码: ");
        scanf("%s",inputpwd);
        if(strcmp(pwd,inputpwd))
        {
            printf("密码不正确!\n ");
            printf("*******************************\n");
            return;
        }
        else
        {
            printf("恭喜, 登录成功!当前用户:");
            puts(usr);
            printf("*******************************\n");
            return;
        }
    }
}
```

四、结果演示

输入注册信息及登录信息, 输出密码不正确的结果, 程序结果演示如图 6-6 (a) 所示。

输入注册信息及登录信息, 输出用户名不正确的结果, 程序结果演示如图 6-6 (b) 所示。

输入注册信息及登录信息，输出登录成功的结果，程序结果演示如图 6-6（c）所示。

（a）

（b）

（c）

图 6-6 演示结果界面

本 章 小 结

本章介绍了数组的定义、初始化及其引用，还介绍了用字符数组处理字符串以及应用数组编程解决实际问题。重点是二维数组的存储结构、字符数组与字符串的关系、字符串的输入/输出以及常用字符串处理函数的应用。

数组必须先定义，后引用。数组的引用除了在函数（后续介绍）调用时，作为参数可以直接引用数组名外，其他情形只能对数组的元素进行引用。数组元素的引用通常和循环结构密不可分。在定义数组的同时，可以对数组进行初始化。初始化时初值的个数可以少于数组长度，当初值个数等于数组长度时，一维数组可以省略定义大小，二维数组可以省略第一维的大小。初始化时一维数组连续书写，二维数组可以按行书写，也可以连续书写，此时按存储顺序对应初值。

数组元素在内存中是按顺序连续存放的。一维数组按下标递增的顺序存放；二维数组元素在内存中是按行存放；字符数组可以存放字符串（以'\0'为结束标记），也可以存放其他字符。

使用处理字符串的函数时，要包含头文件 "string.h"，并注意它们的格式要求。

练 习 题

一、选择题

1. 对于二维数组 a[3][2]，对 a 正确引用的是（　　　）。

    A. a[0,0]　　　　　　B. a[3,0]　　　　　　C. a[2][2]　　　　　　D. a[0][0]

2. 数组定义为 int a[3][2]={1,2,3,4,5,6};，值为 6 的数组元素是（　　　）。

    A. a[3][2]　　　　　　B. a[2][1]　　　　　　C. a[1][2]　　　　　　D. a[2][3]

3. 数组定义为 int a[][3]={{1,2},{3,4}};，a[1][2]的值是（　　　）。

    A. 2　　　　　　B. 4　　　　　　C. 3　　　　　　D. 0

4. 下列描述中不正确的是（　　　）。

    A. 字符型数组中可以存放字符串

    B. 可以对字符型数组进行整体输入/输出

    C. 可以对整型数组进行整体输入/输出

    D. 不能在赋值语句中通过赋值运算符 "=" 对字符型数组进行整体赋值

5. 以下数组定义中不正确的是（　　　）。

    A. int a[2][3];　　　　　　　　　　B. int b[][3]={0,1,2,3};

    C. int c[100][100]={0};　　　　　　D. int d[3][]={{1,2},{1,2,3},{1,2,3,4}};

二、填空题

1. 数组是有序的并具有_____的数据的集合。

2. 一个长度为 n 的数组，引用数组元素时下标的范围是_____。

3. 二维数组元素在内存中的存储顺序是_____。

4. 对于一维数组 a[10]，下列对数组元素的引用正确的有_____。

a[3]，a[2+3]，a[3/1.0]，a[12]，a[5+8]，a[9-9]，a[3.4]

5. 对于二维数组 a[5][10]，下列对数组元素的引用正确的有_____。

a[6][0]，a[0][6]，a[0.5][4]，a[4][4+5]，a[1+2][4+9]，a[5][10]

三、程序设计

1. 编写程序，将一个数组中的值逆序存放。

2. 编写程序，统计一个字符串中小写字母的个数。

3. 编写程序，从键盘输入一个字符串，然后将该字符串中指定的字符删除。

第 7 章

函　数

C语言程序是由函数组成的，函数是 C 语言中的重要概念，也是 C 语言程序设计的重要手段。函数之所以重要，是因为它们提供了将代码模块化的方法，从而可以将一个大型的复杂程序，编写成多个小模块的组合。在设计良好的程序中，每个模块的目的或者任务都是明确的，并且很容易说明。这些基本模块在 C 语言中是用函数实现的。

一个 C 语言程序可以由一个主函数和若干个函数组成。主函数调用其他函数，其他函数也可以相互调用，一个函数可以被一个或多个函数任意多次调用。

本章主要介绍函数的定义、函数的调用、函数的声明、函数的嵌套调用和递归调用、内部函数和外部函数、内部变量和外部变量等相关内容。重点讲述函数调用时形式参数和实际参数的结合。

任务 17　表现喜怒哀乐的情绪

任务描述

程序的功能：根据选择显示不同情绪的编号，则显示不同的情绪提示。程序的模块结构如图 7-1 所示。

图 7-1　程序的模块结构图

知识准备

在组成一个程序的多个函数中，有且仅有一个名为 main()的主函数，C 程序从 main()函数开始运行，由 main()来调用其他函数，其他函数之间也可以相互调用，但最后总要返回 main()函数，由 main()函数结束整个程序。

从函数定义的角度看，函数可分为库函数和用户自定义函数两种。

（1）库函数：由系统提供，用户无须定义，只需在程序前包含有该函数原型的头文件即可在程序中直接调用。在前面各章中反复用到的 printf()、scanf()等函数均属此类。

（2）用户自定义函数：由用户按需要编写的函数。

一、函数的定义

函数的定义即编写一个函数。定义函数要完成 3 项任务：指明函数的入口参数；指明函数执行后的状态，即返回值或返回执行结果；指明函数所要做的操作，即函数体。

函数定义的一般形式：

```
类型标识符  函数名 (形式参数表)
{
    函数体；
}
```

（1）函数名前面的类型标识符用来说明函数返回值的类型。返回值可以是任何 C 语言的数据类型，如 char、int、float、double 等。当是 int 类型时，类型标识符 int 可以省略。若函数无返回值，可用类型标识符 void 表示。

（2）函数名取名要符合标识符的规则，函数名必须是唯一的，不能与其他函数或变量重名。

（3）定义函数时，函数名后面圆括号中的变量名称为形式参数，简称"形参"。形式参数表由各个参数的类型说明和名字组成。若形参表中有多个形参，则形参之间用逗号分隔。并不是每一个函数都必须有形参，有形参的函数称为有参函数；无形参的函数称为无参函数，这时它的形参部分为空，但（ ）不能省略。

对形参的说明方法有两种：

① 在形参表中的各参数前面加类型名。例如：

```
int max(int x,int y)        /*类型相同的形参也要分别定义其类型和名称*/
{
    …
}
```

② 在函数体前，即"{"前面，单独说明。例如：

```
int max(x,y)
int x,y;
{
    …
}
```

而下面函数的定义中，对形参的说明是错误的：

```
int max(int x,y)           /*形参 y 没有定义类型*/
{
    …
}
```

（4）函数体是用一对花括号括起来的语句序列。函数体一般由说明部分和语句部分组成。说明部分主要是对函数内所使用的变量等内容进行定义，语句部分由 C 语言的基本语句组成，是实现函数功能的主体部分。如果函数体中没有任何内容，则该函数为空函数。

（5）函数的定义不能嵌套，即不能在一个函数体中定义另外一个函数。

```
void a()
{
  void b()
  {
    …
  }
  …
}
```

二、函数的返回值与函数类型

函数的返回值是指函数被调用后返回给主调函数的值，函数的返回值是通过函数中的 return 语句获得的。

1. return 语句的一般形式

```
return 表达式;
```

或

```
return(表达式);
```

2. return 语句的功能

（1）return 语句将表达式的计算结果返回给调用函数。

（2）结束 return 语句所在函数的执行，返回调用该函数的函数中继续执行。

3. 操作要点

（1）在一个函数中允许有多个 return 语句，程序执行到其中一个 return 语句时立即返回主调函数，该 return 语句后面即使有未执行的语句，也不再执行。例如：

```
double max(double x,double y)
{
  if(x>y)
    return x;
  else
    return y;
}
```

（2）如果函数值的类型和 return 语句中表达式值的类型不一致，则以函数值的类型为准进行类型转换。例如：

```
double product(float x,float y)
{
  float s;
  s=x*y;
  return(s);
}
```

（3）在函数体中，也可不带返回语句，则该函数执行到最后一个花括号时，自动返回。

（4）如果被调函数中没有 return 语句，函数并不是不带回返回值，而是带回一个不确定的、用户可能不希望得到的函数值。为了明确表示函数不带返回值，应该定义函数为无类型（使用关键字 void）。例如：

```
void printmsg()
{
  printf("请输入密码");
}
```

三、函数的声明

在主调函数中调用某函数之前应对该被调函数进行声明，目的是向编译系统提供必要的信息，以便在函数调用时进行语法检查。

（1）C 语言程序中一个函数可以被调用时需要具备的条件：

① 被调用的函数必须是已经存在的函数，是库函数或用户自定义函数。

② 如果调用库函数，一般要在程序文件的开头用 "include" 命令包含相应的头文件。

③ 如果调用用户自定义函数，一般应该在调用函数前对其进行声明。

（2）函数声明的一般形式：

类型标识符　函数名 (形式参数表)；

（3）以下几种情况在调用函数前可以不对被调用函数进行声明：

① 被调函数的返回值类型是整型或字符型。

② 被调函数的函数定义出现在主调函数之前。

③ 在程序文件的开头，在所有函数定义之前已经对被调函数进行了声明，则在各个主调函数中不必对所调用的函数再进行声明。例如：

```
#include <stdio.h>
char str(int a);
float f(float b);
main()
{ …
}
char str(int a)
{ …
}
float f(float b)
{ …
}
```

四、函数的调用

函数的调用就是调用函数通过数据传递使用被调用函数的功能。数据传递是通过形参和实参完成的。

1. 函数调用的一般形式

函数名 (实际参数表)

2. 函数调用的方式

（1）函数表达式。例如，s=area(3,4,5);z=max(x,y)+10。

（2）函数语句。例如，printf("%d",a);scanf("%d",&b)。

（3）函数参数。例如，m=max(max(a,b),c)。

3. 操作要点

（1）调用函数时的参数称为实际参数，简称实参。实参可以是常量、变量或表达式，是有确定值的参数。

（2）实参和形参在数量上、类型上、顺序上应该严格一致，否则会发生 "类型不匹配" 的错误。

（3）多个实参之间用逗号隔开。

（4）形参变量只有在被调用时才分配内存单元，这些单元与实参所占的内存单元不同，在函数调用结束时，形参变量所占的内存单元立即被释放，所以，形参只有在函数内部有效，调用结束返回主调函数后就不能再使用该形参变量。

（5）形参和实参的作用是数据传送。发生函数调用时，主调函数把实参的值传递给被调函数的形参，从而实现了主调函数向被调函数的数据传送。

五、函数调用的数据传递方式

C 语言中，函数的实参和形参之间的数据传递是按值传递，也称为传值调用。

1. 传值调用的过程

（1）形参和实参各占独立的存储单元。

（2）当函数被调用时系统为形参分配临时的存储单元，实参的值传递到系统为形参分配的临时存储单元中，这时形参就得到了实参的值。这种虚实结合方式称为"值结合"。

（3）被调函数执行结束，函数返回时，临时的存储单元立即被释放。

2. 操作要点

（1）值传递是单向的，只能将实参的值传递给对应的形参，而不能将形参的值传递给实参。

（2）在函数调用过程中，形参值的变化不影响实参。

（3）传值调用方式，函数只有一个入口——实参传值给形参、一个出口——函数返回值。函数受外界影响减少到最低限度，从而保证了函数的独立性。这种值结合方式，函数只有一个返回值。

（4）形参与实参，在数量上，类型上，顺序上应该严格一致，否则发生"类型不匹配"的错误。

知识应用

（1）编写 sum()函数，计算两个整型数之和。

分析：

① 定义函数从方法上和编写程序类似，其中不同的一点是将解决问题所提供的必须数据（这里是两个整型数）在编写程序时作为变量处理，在此作为形参。除此之外，需要使用的变量则在函数体的声明部分定义。

② 根据题意，函数的类型和形参的类型应为 int 类型。在函数体的说明部分还应定义一个整型变量，用于存储求得的两数之和。

函数定义如下：

```
int sum(int x,int y)
{
 int s;
  s=x+y;
  return s;
}
```

（2）编写主函数，调用 sum()求和函数。

分析：函数的类型和形参的类型应为 int 类型。主函数如下：

```
int sum(int x,int y);        /*函数声明*/
main()
{
```

```
int a,b,he;
printf("请输入加数和被加数: ");
scanf("%d%d",&a,&b);
he=sum(a,b);
Print("和等于%d",he);
}
```

任务实施

一、任务流程分解

程序的流程图如图 7-2 所示。

图 7-2　程序的流程图

二、拓展学习

清屏操作：头文件引入标准库文件 #include <stdlib.h>，在程序中书写 system("cls");语句完成清除屏幕上的文字功能。

三、代码实现

```
#include <stdio.h>
#include <stdlib.h>
/*此处也可以添加自定义函数声明*/
main()
{
  char choice;
  while(1)
  {
    system("cls");              /*清屏*/
/*显示菜单*/
```

```
        printf("1.你高兴吗?\n");
        printf("2.你生气吗?\n");
        printf("3.你悲伤吗?\n");
        printf("4.你微笑吗?\n");
        printf("5.再见! \n");
        printf("请选择: (1 2 3 4 5): ");
        choice=getchar();
        switch(choice)
        {
        case '1': happy_face();break;
        case '2': angry_face();break;
        case '3': sad_face();break;
        case '4': smile_face();break;
        case '5': exit(0);
        default:
            getchar();

        }
    }
}
/*定义"喜函数"*/
happy_face()
{
  printf("您高兴啦\n");
  printf("请按任意键再继续");
  getchar();
}
/*定义"怒函数"*/
angry_face()
 {
   printf("您生气啦\n");
   printf("请按任意键再继续 ");
   getchar();
}
/*定义"哀函数"*/
sad_face()
{
  printf("您悲伤啦\n");
  printf("请按任意键再继续");
  getchar();
}
 /*定义"乐函数"*/
smile_face()
{
  printf("您微笑啦\n");
  printf("请按任意键再继续");
  getchar();
}
```

四、结果演示

程序结果演示如图 7-3 所示。

图 7-3 演示结果界面

任务 18 斐波那契数列

 任务描述

斐波那契在《算盘书》中提出了一个有趣的兔子问题：一般而言，兔子在出生两个月后就有繁殖能力，一对兔子每个月能生出一对小兔子来。如果所有兔都不死，那么一年以后可以繁殖多少对兔子？

我们不妨拿新出生的一对小兔子分析一下：

第一个月小兔子没有繁殖能力，所以还是一对；

两个月后，生下一对小兔，总数共有两对；

三个月以后，老兔子又生下一对，因为小兔子还没有繁殖能力，所以一共是三对；

……

依次类推可以列出下表：

经过月数	0	1	2	3	4	5	6	7	8	9	10	11	12
总体对数	0	1	1	2	3	5	8	13	21	34	55	89	144

表中数字 1，1，2，3，5，8…构成了一个序列。这个数列有十分明显的特点，即前面相邻两项之和，构成了后一项。

斐波那契数列还有两个有趣的性质：

（1）斐波那契数列中任一项的平方数都等于跟它相邻的前后两项的乘积加 1 或减 1。

（2）任取相邻的 4 个斐波那契数，中间两数之积（内积）与两边两数之积（外积）相差 1。

 知识准备

一、函数的嵌套调用

C 语言中，函数不允许嵌套定义，但可以嵌套调用，即在调用一个函数的过程中，被调用函数可以调用另一个函数。

二、函数的递归调用

1. 函数的递归调用

函数直接或间接地调用自己的方式称为递归调用。

2. 直接递归与间接递归

（1）直接递归：是函数直接自己调用自己本身，在调用函数 f 的过程中又要调用函数 f。

（2）间接递归：是函数间接地自己调用自己，在调用函数 f1 的过程中，要调用函数 f2，而在调用函数 f2 的过程中又要调用函数 f1。

3. 操作要点

（1）递归调用必须有一个明确的递归结束条件，否则递归将会无止境地进行下去。

（2）函数递归调用的过程可分为递归过程和回溯过程两个阶段。递归过程是将原始问题不断转化为规模更小且处理方式相同的新问题；回溯过程是从已知条件出发，沿递归的逆过程，逐一求值返回，直至递归初始处，完成递归调用。

知识应用

（1）求两个整数的最小公倍数。

分析：求最小公倍数的一个简单方法是两数相乘的积被最大公约数除，而求两个整数的最大公约数通常采用欧几里得算法，即辗转相除法。

```c
#include <stdio.h>
/*求整数 x、y 的最大公约数*/
int divisor(int x,int y)
{
 int m;
 if(x<y)
 {
   m=x;
   x=y;
   y=m;
 }
 while((m=x%y)!=0)
  {
   x=y;
   y=m;
  }
 return(y);
}
/*求整数 x、y 的最小公倍数*/
int multiple(int x,int y)
{
  int m;
  m=x*y/divisor(x,y);
  return(m);
}
```

```
main()
{
  int x,y,z;
  printf("\n 请输入待求最小公倍数的两个数，用空格隔开:");
  scanf("%d %d",&x,&y);
  z=multiple(x,y);        /*调用函数 multiple 求 x、y 的最小公倍数*/
  printf("\n 这两个数的最小公倍数是:%d\n",z);
}
```

程序运行过程如图 7-4 所示。从 main()函数开始执行，输入两个整数后调用 multilple()函数，multilple()函数调用了 divisor()函数；divisor()函数执行完返回 multilple()函数执行，multilple()函数执行完返回 main()函数执行；main 函数执行完，程序执行结束。

图 7-4　函数的嵌套调用

（2）用递归方法求 n!。

分析：n!可以用以下递归方法表示。

$$n!=\begin{cases} 1 & n=1 \\ n\cdot(n-1)! & n>1 \end{cases}$$

从以上表达式可以看到，当 n>1 时，n!= n·(n-1)!，因此求 n!的问题转化成了求 n·(n-1)!的问题，而求(n-1)!的问题与求 n!的解决方法相同，只是求阶乘的对象的值减去 1。当 n 的值递减至 1 时，n!=1，从而使递归得以结束。程序如下：

```
#include <stdio.h>
long f(int n)
{
  if(n==0||n==1)
      return 1;
  else
      return n*f(n-1);
}
main()
{
  int x;
  printf("请输入待求阶乘的数字: ");
  scanf("%d",&x);
  printf("%d 的阶乘是%ld\n",x,f(x));
}
```

如果 n=3，即 f(3)调用上述递归函数时，调用过程如图 7-5 所示，图中箭头表示递归调用点和返回点。

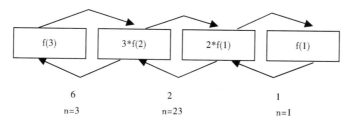

图 7-5　利用递归函数 f(3)求 3!的求值过程

 任务实施

一、任务流程分解

1. 流程描述

Fibonacci 数列可以用以下递归方法来表示:

$$fib(n)=\begin{cases} 1 & (n=1) \\ 1 & (n=2) \\ fib(n-1)+fib(n-2) & (n>2) \end{cases}$$

2. 数据分析

（1）程序初始化分析：第 1 个月只有 1 对小兔子，第 2 个月之前的 1 对小兔子长成 1 对大兔子。

（2）数据录入分析：除第 1，2 月之外，其他月份不需要录入数据，所有数据计算得出。

（3）数据处理分析：递归调用函数计算数值。

（4）输出结果分析：每个数值都符合斐波那契数列数值特点。

二、代码实现

```c
#include <stdio.h>
/*n 代表第几项。特别指出：0 是第 0 项，不是第 1 项*/
int fun(int n)
{
    if(n<=1)
        return n;
    else
        return fun(n-1)+fun(n-2);
}

int main()
{
    int n;
    int i;
    printf("请输入要输出多少项（自然数）斐波那契数列: ");
    scanf("%d",&n);
     /*输出所有项*/
    for(i=0; i<n+1;i++)
    {
```

```
        printf("%d",fun(i));
        if(i !=0 && i%5==0)              /*每五项进行一次换行(第一行多一个第0项)*/

            printf("\n");
    }
    printf("第 %d 项是: %d\n",n,fun(n)); /*输出要求的项*/
    return 0;
}
```

三、结果演示

程序结果演示如图 7-6 所示。

图 7-6　演示结果界面

任务 19　万　年　历

任务描述

设计编写 "万年历"。输入任意年份,将显示出该年的所有月份和日期,及其对应的星期。第一行显示星期,从周日到周六,中英文均可。第二行开始显示日期从 1 号开始,并按其是周几这个实际情况与上面的星期数垂直对齐。对于月份,也是中文英文均可,但要注意闰年的情况。

知识准备

在编写程序的过程中,除了要了解变量占用的内存大小、运算规则外,还需要知道变量的作用域和存储类别。

一、变量的作用域、内部变量和外部变量

变量只能在它的作用范围内使用,即变量在它的作用域之外不能被引用。变量的作用域直接与变量定义的位置相关。

1. 内部变量

在函数内部定义的变量称为内部变量(也称为局部变量),这些变量只在本函数范围内有效,也就是说只有在本函数内才能使用它们,在此函数外是不能使用这些变量的。

2. 外部变量

在函数外定义的变量称为外部变量,外部变量是全局变量(也称全程变量),全局变量可以被本文件中的函数共同使用,它的作用域是从定义变量的位置开始到它所在源程序文件的结束。

3. 操作要点

（1）主函数中定义的变量只能在主函数中使用，不能在其他函数中使用。因为主函数也是一个函数，它与其他函数是平行关系。

（2）不同的函数内可以定义相同名字的内部变量，它们互不影响。

（3）形参变量属于被调函数的内部变量，实参变量属于主调函数的内部变量。

（4）在函数体内的复合语句中可以定义变量，其作用域只在复合语句范围内，这种复合语句也可以称为"分程序"或"程序块"。

（5）在同一源程序文件中，如果外部变量与局部变量同名，则在局部变量的作用范围内外部变量不起作用。

（6）外部变量的使用会降低函数的通用性、可靠性、清晰性，因此建议在没有必要时不要使用外部变量。

二、变量的存储类别

C 语言说明变量时给出了两方面的信息：数据类型和存储类别，变量的存储类别决定变量的作用域和生存期。

（1）静态存储方式和动态存储方式。从变量值的存在时间（即生存期）不同来划分，变量可分为静态存储方式与动态存储方式。

① 静态存储方式：在程序运行期间分配固定的内存空间的方式。

② 动态存储方式：在程序运行期间根据需要进行动态的分配内存空间的方式。

（2）C 程序运行时占用的内存空间通常分为程序区、静态存储区和动态存储区 3 部分。

数据分别存放在静态存储区和动态存储区中。动态存储区用来存放自动变量、函数的形式参数、函数调用时的返回地址和现场保护。静态存储区用来存放外部变量、静态局部变量。

（3）变量的存储类别如表 7-1 所示。

表 7-1　变量的存储类别

类　　　别	含　　　义
auto	自动的
register	寄存器的
static	静态的
extern	外部的

（4）完整的变量定义形式：

存储类别 数据类型 变量列表

三、内部变量的存储类别

内部变量的存储类别共有 3 种：自动的、静态的和寄存器的，分别用关键字 auto、static、register 进行声明。

1. 自动变量

C 系统默认的内部变量的存储类别是 auto 类别，其中 auto 可省略不写。自动变量（auto）

存放在动态存储区中，在函数调用开始时系统自动为它们动态分配内存空间，调用结束时自动释放这些内存空间。自动变量的生存期只限于相应函数被调用时。

2. 静态内部变量

静态内部变量（static）必须用关键词 static 显式地加以说明。静态变量存放在内存的静态存储区，在整个程序运行期间占用固定的内存单元，即使静态变量所在的函数执行结束后也不释放内存单元，因而再次调用静态变量所在的函数时，静态变量的值为上次调用结束时的值。静态变量的生存期是整个程序的执行期。系统在编译时为静态变量赋初值并且只能赋一次初值，对没有赋初值的静态变量系统自动给它赋初值为 0。

3. 寄存器变量

寄存器变量（register）存放在 CPU 的寄存器中。除此之外，它的性质与自动变量基本相同。由于 CPU 存取寄存器的速度比存取内存的速度快，使用寄存器变量可以加快程序的运行速度，所以它可用于使用频率较高的变量，如循环变量。但是，由于计算机系统中的寄存器数目有限，所以不能在程序中定义过多的寄存器变量。

4. 静态内部变量与自动变量的区别

（1）静态内部变量属于静态存储类别，在静态存储区分配存储单元，在程序整个运行期间都不释放。而自动变量属于动态存储类别，占动态存储空间，函数调用结束后立即释放。

（2）静态内部变量在编译时赋初值，且只赋初值一次，而对自动变量赋初值是在函数调用时进行的，每调用一次函数重新赋一次初值，相当于执行一次赋值语句。

（3）如果在定义内部变量时不赋初值，则对静态变量来说，编译时会自动赋初值为 0 或空字符；而对自动变量来说，如果不赋初值则它的值是一个不确定的值。

四、外部变量的存储类别

外部变量只能是静态存储的变量，存放在内存的静态存储区内，外部变量在整个程序的运行期间一直占用固定的内存单元。外部变量的存储类别有两种：静态外部变量和非静态外部变量。

1. 静态外部变量

静态外部变量是用 static 关键字定义的外部变量。静态外部变量只允许本程序文件中的函数使用，不能被其他文件中的函数引用。

2. 非静态外部变量

非静态外部变量是用 extern 关键字定义的外部变量。非静态外部变量的作用有两种：

（1）在同一源程序文件内用 extern 关键字来扩展外部变量的作用域。

（2）在不同源程序文件内用 extern 关键字来扩展外部变量的作用域。

3. 操作要点

（1）同一个文件中，如果外部变量的使用在定义的前面，则使用该变量前需要对其进行声明。例如：

```
char f1()
{
 extern int e;          /*外部变量的声明*/
 …
}
```

```
float f2()
{
…
}
int e;                /*外部变量的定义*/
int f3()
{
 …
}
```

（2）使用其他文件中定义的外部变量（不能是用 static 定义的外部变量）需要先对该变量进行声明。例如：

```
/*文件1*/
int a;                /*外部变量的定义*/
int f1()
{
 …
}
/*文件2*/
extern int a;         /*外部变量的声明*/
int f2()
{
 …
}
/*文件3*/
extern int a;         /*外部变量的声明*/
main()
{
 …
}
```

（3）将作用域限制在定义该变量的文件中，不允许被其他文件调用，这就要求在定义外部变量时在前面加上 static 的存储类别。例如：

```
/*文件1*/
static int a;         /*外部变量的定义*/
main()
{
 …
}
/*文件2*/
extern int a;         /*外部变量的声明*/
int f1()
{
 …
}
```

知识应用

（1）分析下面程序的运行结果（外部变量与内部变量同名）。

```
int a=3,b=5;          /*a, b 为外部变量*/
max(int a,int b)      /*a, b 为局部变量*/
{ int c;
```

```
   c=a>b?a:b;
   return(c);
}
main( )
{ int a=8;                /*a为局部变量*/
  printf(" %d",max(a,b));
}
```

分析：变量 a、b 均在函数外面定义，所以为外部变量，主函数内的变量 a，因在主函数内定义，因此为内部变量。故使得主函数调用 max( )函数时，参数实际值为 max(8,5)而不是 max(3,5)，所以运行结果为 8。

（2）分析下面程序的运行结果，学习 auto 变量的用法。

```
void fun();
main()
{fun();
 fun();
}
void fun()
{int n=2;              /*自动变量*/
 n++;
 printf("n=%d\n",n);
}
```

运行结果是：

```
n=3
n=3
```

说 明

　　函数 fun()中定义的 n 为自动变量，作用域只在函数 fun()内，第一次调用时，系统为 n 分配临时存储单元，n 的初值为 2，执行 n++后，n 的值为 3，输出 3，第一次调用后分配给 n 的存储单元被释放。第二次调用时，系统为 n 重新分配存储单元，因此输出结果仍然是 3。

（3）分析下面程序的运行结果，学习 static 变量的用法。

```
#include <stdio.h>
long factor(int n)
{
  static long int f=1;
  f=f*n;
  return f;
}
main()
{
  int i;
  for(i=1;i<=5;i++)
  printf("%ld\n",factor(i));
}
```

运行结果为：

```
1
2
6
24
120
```

> **说　明**
>
> main()函数要 5 次调用函数 factor()，第一次调用 factor()时，执行初始化语句 f=1，而后 4 次调用均不再执行，即静态变量的初始化语句只执行 1 次。因为 f 是静态变量，故每次函数 factor()调用结束后，f 的值仍然保留。这样，第一次调用 factor()后 f 的值是 1 的阶乘，第二次调用 factor()后 f 的值是 1!×2，即 2 的阶乘，依次类推，第五次调用 factor()后 f 的值是 4!×5，即 5 的阶乘。

（4）分析下面程序的运行结果，学习 register 变量的用法。

```c
#include <stdio.h>
long factor(int n)
{
    register int i;
    long r;
    for(i=1,r=1;i<=n;i++)
        r*=i;
    return r;
}
main()
{
    int k;
    for(k=1;k<=5;k++)
    printf("%ld\n",factor(k));
}
```

运行结果为：

```
1
2
6
24
120
```

> **说　明**
>
> main()函数要 5 次调用函数 factor，循环变量 i 是寄存器变量，第 1 次调用 factor 后 r 的值是 1×1，即 1 的阶乘，第 2 次调用 factor 后 r 的值是 1×2，即 2 的阶乘，依次类推，第 5 次调用 factor 后 r 的值是 1×2×3×4×5，即 5 的阶乘。

（5）分析下面程序的运行结果。

```c
#include <stdio.h>
main()
{
    int swap();
    extern int a,b;        /*声明 a,b 为外部变量*/
    a=3;
    b=10;
    swap();
    printf("a=%d,b=%d\n",a,b);
}
```

```
int a,b;              /*定义a,b为外部变量*/
swap()
{
    int temp;
    temp=a;
    a=b;
    b=temp;
}
```
运行结果为：
a=10,b=3

> **说　明**
>
> a、b 是在 swap( )函数上方定义的全局变量，所以其作用域是从定义开始到程序末尾，不包含 main( )函数。但由于 main( )中含有 extern int a,b;语句，则它们的作用域扩展到 main( )函数。

任务实施

一、任务流程分解

流程描述：　输入任意年份，显示出该年的所有月份日期，应该先设计具体的输出格式，如下：

```
the calendar of the year 2015. September
Sun   Mon   Tue   Wed   Thu   Fri   Sat
                  1     2     3     4     5
  6     7     8     9    10    11    12
 13    14    15    16    17    18    19
 20    21    22    23    24    25    26
 27    28    29    30
```

二、拓展知识

（1）调用系统时间：头文件包括#include<time.h>。

定义变量：

```
time_t tval;
struct tm *now;
```
获取当前机器时间：
```
tval=time(NULL);
now=localtime(&tval);
```
（2）fflush(stdin) 功能：清空输入缓冲区，通常是为了确保不影响后面的数据读取（例如，在读完一个字符串后紧接着又要读取一个字符，此时应先执行 fflush(stdin);)。

三、代码实现

```
#include <stdio.h>
#include <stdlib.h>
#include <time.h>
```

```
char month_str[][10]={"一月","二月","三月","四月","五月","六月","七月","八月
","九月","十月","十一月","十二月"};
char week[][10]={"星期天","星期一","星期二","星期三","星期四","星期五","星期六"};
int mon_day[]={31,28,31,30,31,30,31,31,30,31,30,31};
/*初始化每个月的天数*/
/*判断闰年*/
int leap(int year)
{
   if(year%4==0&&year%100!=0||year%400==0)
      return 1;
   else
      return 0;
}
/*判断这一个月有多少天*/
int month_day(int year,int month)
{
   if(leap(year)&&month==2 )
      return 29;
   else
      return(mon_day[month-1]);
}
/*判断这一个月的第一天是星期几*/
int firstday(int year,int month,int day)
{
   int c=0;
   float s;
   int m;
   for(m=1;m<month;m++)
      c=c+month_day(year,m);
   c=c+day;
   s=year-1+(float)(year-1)/4+(float)(year-1)/100+(float)(year-1)/400-40+c;
   return ((int)s%7);
}
/*打印出一个月的日历*/
int printone(int a,int b)
{
   int i,j=1,k=1;
   printf("-----------------------------\n");
   printf("  日  一  二  三  四  五  六\n");
   if(a==7)
   {
      for(i=1;i<=b;i++)
      {
         printf("%4d",i);
         if(i%7==0)
         {
            printf("\n");
         }
      }
   }
```

```
       if(a!=7)
     {
        while(j<=4*a)
        {
           printf(" ");
           j++;
        }
         for(i=1;i<=b;i++)
        {
           printf("%4d",i);
             if(i==7*k-a)
             {
                printf("\n ");
                k++;
             }
        }
     }
   printf("\n");
   return 1;
}
/*打印出一年的日历*/
int PrintAllYear(int year)
{
   int a,b;
   int j=1,n=1,k;
   printf("\n\n******%d 年的日历*********\n",year);
   for(k=1;k<=12;k++)
   {
      j=1,n=1;
      b=month_day(year,k);
      a=firstday(year,k,1);
      printf("\n\n%s\n",month_str[k-1],k);
      printone(a,b);
   }
   return 1;
}
/*计算是什么生肖的函数*/
void shux(int year)
{
   static char sx[][10]={"子鼠","丑牛","寅虎","卯兔", "辰龙","巳蛇", "午马","未
羊", "申猴","酉鸡","戌狗","亥猪" };
   printf("%s",sx[(year-1204)%12]);

}
/*计算某天是该年的第几天*/
int tianshu(int year,int month,int day)
{
   int i,sum=0;
   for(i=1;i<month;i++)
      sum=sum+mon_day[i-1];
```

```
            sum=sum+day;
            if((year%4==0&&year%100!=0 ||year%400==0)&&month>2)
                sum=sum+1;
            printf( "\n 输入的%d 年%d 月%d 日是这一年的第%d 天\n 你是否还要继续查询？(Y/N)?",
year,month,day,sum);
            return 1;
        }

int main()
{
    int date,da;
    char ch;
    int year,month,day;
    time_t tval;
    struct tm *now;
    int a,b;
    printf("\n****************************************************\n");
    printf(" *欢迎使用万年历系统,祝您心情愉快!*\n*************************\n");
    /*调用系统时间*/

    tval=time(NULL);
    now=localtime(&tval);
    printf("\n\n\n 现在时间: %4d 年 %d 月 %02d 日 %d:%02d:%02d\n",now->tm_year+
1900, now->tm_mon+1, now->tm_mday,now->tm_hour, now->tm_min, now->tm_sec);
    /*调用结束 */

    b=month_day(now->tm_year+1900,now->tm_mon+1);
    a=firstday (now->tm_year+1900,now->tm_mon+1,now->tm_mday);
    printone(a,b);                              /*打印出本月的日历*/
    while(1)
    {
        printf("\n 请选择你所需要的服务:\n");
        printf("\n 输入 1: 输出某年的日历");
        printf("\n 输入 2: 判断你是什么属相");
        printf("\n 输入 3: 结束程序\n");
        scanf("%d",&date);
        switch(date)
        {
        case 1:
            while(1)
            {
                printf("\n 请输入你想打印的日历年份(XXXX)");
                scanf("%d",&year);
                PrintAllYear(year);
                printf("\n 你是否还要继续打印日历(Y/N)?");
                fflush(stdin);
                scanf("%c",&ch);
                if(ch=='N'||ch=='n')
                    break;
            }
```

```
            break;
        case 2:
            while(1)
            {
                printf("\n 输入你的四位出生年: ");
                scanf("%d",&year);
                printf("\n\n 你的属相是:");
                shux(year);
                printf("\n 你是否还要继续查询？(Y/N)?");
                fflush(stdin);
                scanf("%c",&ch);
                if(ch=='N'||ch=='n')
                    break;
            }
            break;
        case 3: fflush(stdin);
            printf("你真的确定你要退出该程序？(Y/N)");
            scanf("%c",&ch);
            if(ch=='Y'||ch=='y')
                printf("**********************************************************\n");
            printf(" 感谢您使用万年历\n");
            exit(0);
            break;
        default:
            printf("\nError:抱歉现在还没有此项功能，请在 1 到 3 中选择\n\n\n\n\n\n");
            break;
        }
    }
    return 0;
}
```

四、结果演示

程序结果演示如图 7-7 所示。

（a）

图 7-7　演示结果界面

（b）

图 7-7　演示结果界面（续）

任务 20　价　格　排　序

任务描述

使用简单选择排序对电子商务网站上的物品，按照价格从低到高的顺序排列显示。选择排序思想如下：每趟从待排序的记录中选出关键字最小的记录，顺序放在已排序的记录序列末尾，直到全部排序结束为止。

知识准备

函数在本质上是全局的，因为一个函数需要被其他函数调用。那么，当一个程序是由多个文件组成时，在一个文件中定义的函数，是否可以被其他文件中的函数调用呢？C 语言根据函数能否被其他源程序文件中的函数调用，将函数分为内部函数和外部函数。

一、外部函数

1. 外部函数的定义

如果在一个源程序文件中定义的函数，除了可以被本文件中的函数调用外，还可以被其他文件中的函数调用，这种函数称为外部函数。

2. 外部函数的定义格式

```
extern　类型标识符　函数名(形式参数表)
{
    函数体;
}
```

3. 操作要点

（1）定义外部函数时关键字 extern 可以省略。

（2）若要调用其他文件中定义的外部函数，必须先对其进行声明，函数声明的格式为：

```
extern 类型标识符 函数名（形式参数表）;
```

例如：

```
/*文件1*/
extern int fun(int a,int b)          /*定义外部函数*/
{
 …
}
/*文件2*/
int fun2()
{
 extern int fun(int a,int b);        /*函数声明*/
 …
 fun();                               /*函数调用*/
}
```

二、内部函数

1. 内部函数的定义

如果在一个源程序文件中定义的函数，只能被本文件中的函数调用，而不能被其他文件中的函数调用，这种函数称为内部函数。

2. 内部函数的定义格式

static 类型标识符 函数名（形式参数表）
{
函数体
}

使用内部函数，可以使函数只局限于该函数所在的文件，即使其他文件中有同名的内部函数，也不会相互干扰。

任务实施

一、任务流程分解

1. 流程描述

简单选择排序是一种选择排序。

（1）从待排序序列中，找到关键字最小的元素。

（2）如果最小元素不是待排序序列的第一个元素，将其与第一个元素互换。

（3）从余下的 N−1 个元素中，找出关键字最小的元素，重复（1）、（2）步，直到排序结束。

2. 数据分析

（1）程序初始化分析：数据随机输入。

（2）数据录入分析。

排序前: 5   6   1   6   1   1   5   5   4   2。

（3）数据处理分析。

排序前:	5	6	1	6	1	1	5	5	4	2
第 1 趟:	1	6	5	6	1	1	5	5	4	2

第 2 趟:	1	1	5	6	6	1	5	5	4	2
第 3 趟:	1	1	1	6	6	5	5	5	4	2
第 4 趟:	1	1	1	2	6	5	5	5	4	6
第 5 趟:	1	1	1	2	4	5	5	5	6	6
第 6 趟:	1	1	1	2	4	5	5	5	6	6
第 7 趟:	1	1	1	2	4	5	5	5	6	6
第 8 趟:	1	1	1	2	4	5	5	5	6	6
第 9 趟:	1	1	1	2	4	5	5	5	6	6

（4）输出结果分析。

排序后: 　1　1　1　2　4　5　5　5　6　6

二、代码实现

```c
file1.c
#include <stdio.h>
main()
{
  extern void sort(int array[],int n);
  int a[10],i;
  printf("请输入 10 个待排序物品价格数据，用空格隔开\n");
  for(i=0;i<10;i++)
     scanf("%d",&a[i]);
  sort(a,10);
  printf("排序后数据是: \n");
     for(i=0;i<10;i++)
     printf("%d ",a[i]);
  printf("\n");
}


file2.c

void sort(int array[],int  n)
{
  int i,j,k,t;
  for(i=0;i<n-1;i++)
  {
     k=i;
     for(j=i+1;j<n;j++)
        if(array[j]<array[k])
           k=j;
        if(k!=i)
        {
           t=array[i];
           array[i]=array[k];
           array[k]=t;
        }
  }
}
```

三、结果演示

程序结果演示如图 7-7 所示。

图 7-7 演示结果界面

本 章 小 结

C 语言不但提供了丰富的库函数,还允许用户定义自己的函数。每个函数都是一个可以重复使用的模块,通过模块间的相互调用,有条不紊地实现复杂的功能。可以说 C 程序的全部工作都是由各式各样的函数完成的,所以也把 C 语言称为函数式语言。在 C 语言中,所有的函数定义,包括主函数 main()在内,都是平行的。也就是说,在一个函数的函数体内,不能再定义另一个函数,即不能嵌套定义。但是函数之间允许相互调用,也允许嵌套调用。习惯上把调用者称为主调函数,被调用者称为被调函数。函数还可以自己调用自己,称为递归调用。

main()函数是主函数,它可以调用其他函数,而不允许被其他函数调用。因此,C 程序的执行总是从 main()函数开始,完成对其他函数的调用后再返回 main()函数,最后由 main()函数结束整个程序。一个 C 源程序必须有且只有一个主函数 main()。本章难点内容为变量的作用范围和存储类别。变量只能在它的作用范围内使用。

练 习 题

一、选择题

1. 下列对 C 语言函数的描述中,错误的是(   )。
   A. C 函数不可以嵌套定义,但可以嵌套调用
   B. 函数必须有返回值,否则函数将无法使用
   C. 在 C 程序中调用函数时,只能将实参的值传递给形参,形参的值不能传递给实参
   D. 一个 C 程序中,存在调用关系的函数可以放在不同源程序文件中

2. 完整的 C 源程序必须包括的函数是(   )。
   A. main()函数和一个以上的其他函数　　B. main()函数
   C. 任意一个函数　　　　　　　　　　　　D. 库函数

3. C 语言规定,简单变量做实参时,它和对应形参之间的数据传递方式是(   )。
   A. 地址传递　　　　　　　　　　　　　　B. 由实参传给形参,再由形参传回给实参
   C. 单向值传递　　　　　　　　　　　　　D. 由用户指定传递方式

4. C 语言允许函数类型的默认定义,此时该函数值隐含的类型是(   )。
   A. float 型　　　　　B. int 型　　　　　C. long 型　　　　　D. double 型

5. 在 C 程序中,当调用函数(假设是有参函数)时实际参数与形式参数空间使用情况

是 (　　　)。

　　A. 实际参数与形式参数各占独立的存储单元

　　B. 实际参数与形式参数可以共用一个存储单元

　　C. 由计算机系统自动指定是否共用存储单元

　　D. 由用户指定是否共用存储单元

　6. 在一个 C 源程序文件中,若要定义一个只允许本源文件中所有函数使用的全局变量,则此变量需要使用的存储类别是 (　　　)。

　　A. extern　　　　　　B. register　　　C. auto　　　　　　D. static

　7. 以下不正确的说法是 (　　　)。

　　A. 在不同函数中可以使用相同名字的变量

　　B. 形式参数是局部变量

　　C. 在函数内定义的变量只在本函数范围内有效

　　D. 在函数内的复合语句中定义的变量在本函数范围内有效

　8. 下列说法正确的是 (　　　)。

　　A. 外部函数不能被其他文件中的函数调用,内部函数可以被其他文件中的函数调用

　　B. 外部函数和内部函数都不能被其他文件中的函数调用

　　C. 外部函数和内部函数都可以被其他文件中的函数调用

　　D. 外部函数可以被其他文件中的函数调用,内部函数不能被其他文件中的函数调用

二、填空题

1. 凡是函数中未指定存储类别的局部变量,其隐含的存储类别为_____。

2. C 程序中,有且仅有一个_____函数。

3. C 程序运行时一定从_____函数开始,从_____函数结束。

4. 将一个函数说明为 static 后,该函数将只能被_____文件中的函数调用,不能被其他源文件中的函数调用。

5. 如果在一个函数中的复合语句中定义了一个变量,则该变量只在_____语句中有效。

三、编程题

1. 编写一个函数,计算 "S=1+3-5+7-9+..." 算式的 100 项之值,并将计算结果值返回到主调函数。

2. 编一函数,将一个十进制整数转换为十六进制整数。

3. 编一函数,找出任一整数的全部因子。

4. 编写一个判断闰年的函数,在主函数中输入一年号,调用函数输出该年是否为闰年。

5. 利用自定义函数编程计算: $c(m,n) = \dfrac{m!}{n!(m-n)!}$。

第8章

指 针

指针是 C 语言的特点之一，也是 C 语言的精华。C 语言的指针就是直接操作内存地址，从而使得 C 程序的执行效率更高，程序员可以写复杂度更高的数据结构，而且编写的程序更加简洁、紧凑、高效。

任务 21　交换 2 个数的值

任务描述

本任务完成交换两个变量的值，然后输出。

知识准备

一、指针和指针变量的概念

1. 地址

计算机的内存是由存储单元组成的，每一个存储单元都对应一个唯一的地址编号，这个编号就是内存的地址。C 程序中的每一个变量，每一个函数，在内存中都会对应一定的内存单元，其存放的数据即为内存单元中的内容。如图 8-1 所示，2000 单元中存放的数据是数据 1，2001 单元中存放的数据是数据 2。数据 1 和数据 2 即为内存单元的内容，2000、2001 为内存的地址。

2. 指针与指针变量

在计算机中，对内存单元进行访问是通过地址实现的，地址被

图 8-1　单元地址

形象地称为指针，则"指针"就是地址，一个变量的指针就是指该变量的地址。

指针变量就是存放地址的变量。如图 8-2（a）所示，i 的值为 3，p 的值为 2000，它是变量 i 的地址，则 p 就是一个指针变量。也称指针变量 p 指向变量 i，如图 8-2（b）所示。

图 8-2 指针变量与变量

二、指针变量的定义与相关运算

1. 指针变量的定义

C 语言规定：在使用变量之前必须先定义，一般形式如下：

类型标识符 *指针变量

例如：

```
float *p3;
```

p3 前面有个 "*"，表明它是一个指针变量。类型是 float，表明 p3 是指向 float 类型的指针变量，或者说，变量 p3 存放 float 型变量的地址。

2. 指针变量的引用

（1）取地址运算符 "&" 是取得变量所占用的存储单元的首地址，其格式为

&变量名

例如：

```
int a;
int *p;
p=&a;
```

则变量 a 的地址值赋给指针变量 p，即指针变量 p 指向变量 a。

（2）可以给指针变量赋空值 NULL。例如：

```
p=NULL;
```

> **注 意**
>
> 程序中使用了 NULL，则在程序前出现预定义行 "#include <stdio.h>"，表明指针变量 p 的值是一个 "空" 值，并不指向任何内存单元。

3. 指针的算术运算

（1）指针运算包括增 1 运算（++）、减 1 运算（--）、加上一个整数（+或+=）、减去一个整数（-或-=）。

（2）指针运算以它所指向的数据类型字节长度为单位进行增或减。例如：

```
int *p=2000
char *ch=2000
```

则执行 p++、ch++ 的指针移动过程如图 8-3 所示。

4. 操作要点

（1）*只是一个说明符，说明跟在后面的标识符是指针变量，只能存地址。

（2）一行可以定义多个指针变量，各变量之间用逗号分隔，它们将指向同一类型的变量。

（3）指针变量可以定义为指向字符型、实型以及其他类型的变量。例如，

```
float *p2;
char *ch;
```

存储单元地址：

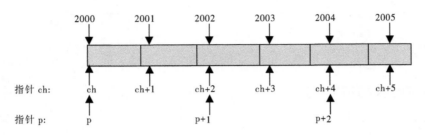

图 8-3　指针移动过程

三、指针变量做函数参数

指针和函数的关系主要包括 3 个方面的内容：一是指针可以作为函数的参数，二是函数的返回值可以是指针，三是指针可以指向函数。

（1）函数的参数不仅可以是整型、实型、字符型等数据，还可以是指针类型。它的作用是将一个地址值传送到另一个函数中。

对于函数参数采用"单向传送"的"值传递"方式，形参值的改变无法传给实参，这时应该用指针变量作为函数参数，在函数执行过程中使指针变量所指向的变量值发生变化，函数调用结束后，这些变量值的变化依然保留下来，这样就实现了"通过调用函数使变量的值发生变化，在主调函数中使用这些改变了的值"的目的。

（2）指针变量作为函数的参数，调用函数不可能改变实参指针变量的值，但可以改变实参指针变量所指变量的值。

（3）当调用函数的实参是指针变量时，与之对应的形参必须是指针变量。

四、函数返回地址值

一个函数不仅可以返回整型、实型、字符型等数据，也可以返回指针类型的数据，即地址值。当一个函数返回指针类型数据时，应当在定义函数时对返回值的类型进行说明。格式为：

```
类型标识符  *函数名(形参表)
{
    函数体;
}
```

五、指向函数的指针变量

1. 指向函数的指针变量定义方式：

```
类型说明符号(*指向函数的指针变量名)();
```

例如：

```
int (*p)();
```

┌─ **说　明** ───

　　p 是一个指向函数的指针变量，该函数的返回值只是整型数据，也就是说 p 所指向的
函数只能是返回值为整型的函数。
───

　　2．操作要点

　　（1）(*p)()表示定义一个指向函数的指针变量，是专门用来存放函数的入口地址的。

　　（2）在给函数指针变量赋值时，只需给出函数名而不必给出参数。例如 p=total;。

　　（3）对指向函数的指针变量，像 p+n、p++、p--等运算是无意义的。

　　（4）注意定义指向函数的指针变量 int (*p)()中*p 两侧的括弧不可省略，如写成 int *p();，则
成了声明一个返回值是指向整型变量的指针。

知识应用

　　（1）指针变量操作示例。

```c
#include <stdio.h>
main()
{
  int a1=1,a2=2;
  int *p;
  p=&a1;              /*p 现在指向 a1*/
  a2=*p;              /*a2 现在的值为 1*/
}
```

┌─ **说　明** ───

　　① int *p; 是定义指针变量 p，它还没有指向任何变量，如图 8-4（a）所示。

　　② p=&a1；&a1 表示取变量 a1 的地址，然后赋给指针变量 p，即 p 指向 a1。

　　③ a2=*p；*p 表示指针变量 p 所指向的变量，即 a1。将*p（或 a1）的值赋给变量 a2，
所以 a2 的值为 1，如图 8-4（b）。

（a）　　　　　　　　　　　　　　　　　　　　　　（b）

图 8-4　指针变量操作
───

　　（2）编写一个函数，它接收传递过来的一个整数值，返回该值所对应的英文名。比如接收
的是 10，那么返回十月的英文名"October"。由于英文名是一个字符串，所以返回的实际是该
字符串的地址（指针）。

　　分析：

　　① 在 main()函数中定义变量 x 用来接收数字，并将其作为实参变量。

　　② 在 main()函数中定义字符型指针变量 ptr，用来保存从指针型函数 m_name()返回的地址。

　　③ 定义指针型函数 m_name()实现将所得的到数字转换为相应的月份，其返回值为指针型。

```
#include <stdio.h>
main()
{
int x;
char *ptr;
scanf("%d",&x);                   /*输入相应的数字"*/
ptr=m_name(x);                    /*对函数 m_name()的调用*/
printf("It is %s\n",ptr);
}
char *m_name(int k)               /*函数 m_name()的定义*/
{
char name[][50]={ "illegal month","January","February","March","April","May",
    "June","July","August","September","October","November","December"};
if(k<1||k>12)
  return (name[0]);
else
  return(name[k]);
}
```

（3）使用指针求 a 与 b 的和。

分析：

① 定义函数 total()实现 a 与 b 的和，此程序可以采用两种方式调用该函数，一种使用函数名调用，另一种则使用指向函数的指针变量调用。此程序使用第二种方式调用。

② 定义一个指向函数的指针变量 p，用语句 p=total;将其指向函数 total，则 p 指向该函数的入口处，见图 8-5 所示。

图 8-5　指向函数的指针

程序如下：

```
#include <stdio.h>
main()
{
    int total(int,int);
    int (*p)();              /*定义一个指向函数的指针变量 p*/
    int a,b,c;
    p=total;                 /*指针变量 p 指向函数 total*/
    scanf("%d,%d",&a,&b);
    c=(*p)(a,b);
    printf("a=%d,b=%d,sum=%d",a,b,c);
}
total(int x,int y)
{
    int z;
    z=x+y;
    return(z);
}
```

 任务实施

一、任务流程分解

流程描述：使两个整型变量的值交换后输出。

分析：

（1）用户自定义函数 ex()，实现交换两个变量（a 和 b）的值。

（2）在主函数中定义两个指针变量 p1、p2 分别指向变量 a 和 b，如图 8-6（a）所示。

（3）在函数调用时，把指针变量 p1、p2 作为实参变量传送给形参变量 x、y，采取的依然是"值传递"方式。因此虚实结合后形参 x 的值为&a，y 的值为&b，如图 8-6（b）所示。

（4）在 ex() 函数中，使*x 和*y 的值互换，也就是使 a 和 b 的值互换。互换后的情况如图 8-6（c）所示。

（5）函数调用结束后，x 和 y 释放，如图 8-6（d）所示。

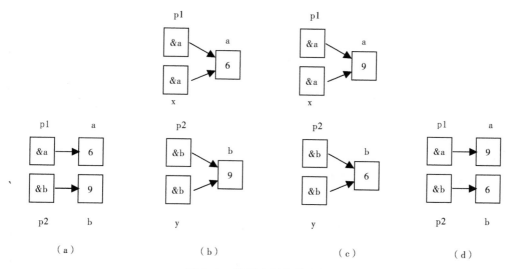

图 8-6　整型变量的值交换

程序如下：

```c
#include <stdio.h>
void ex(int *x,int *y)
{
    int t;
    t=*x;
    *x=*y;
    *y=t;
}
main()
{
    int a=6,b=9;
    int *p1,*p2;
    printf("交换前 a=%d, b=%d\n",a,b);
    p1=&a;
    p2=&b;
    ex(p1,p2);
    printf("交换后 a=%d, b=%d\n",a,b);
}
```

二、结果演示

程序结果演示如图 8-7 所示。

```
交换前a=6，b=9
交换后a=9，b=6
Press any key to continue_
```

图 8-7　演示结果界面

任务 22　价 格 排 序

本任务设计在某电子商务网站上，让物品按照价格从高到低排列显示，要求用冒泡排序法。

一、一维数组名及数组元素的地址

1. 数组元素的地址

任何一个变量在内存中都有其地址，而数组包含了多个元素，每个数组元素在内存中也都有相应的地址。如有以下数组定义：

`int a[10];`

定义数组 a 包含 10 个整型元素，每一个元素可以用：

数组名 [下标]

的方式表示，那么每一个数组元素的地址可以用：

&数组名 [下标]

来表示。即 a[3] 表示下标为 3 的数组元素，&a[3] 表示下标为 3 的元素的地址。

2. 数组名

数组名代表数组的首地址，当定义数组并被分配内存时，它的首地址也就确定下来，数组名也就是该数组的首地址。那么如何计算和表示数组中的各元素的地址呢？如数组：

`int a[10];`

数组名 a 就是数组的首地址，a[0] 的地址就是 a，a[1] 的地址可以用 a+1 表示，同样，a+i 是 a[i] 的地址，数组元素存储情况如图 8-8 所示。

在编译系统计算实际地址时，a+i 中的 i 要乘上数组元素所占的字节数，即 a+i×(一个元素所占的字节数)。

引用一个数组元素，可以用两种方法，一种是下标法，即 a[3] 就是用下标法表示的数组元素；另一种是地址法，如 a+3 就是 a[3] 的地址，*(a+3) 就是 a[3]。因此下面两者是等价的：

a[i]—下标法

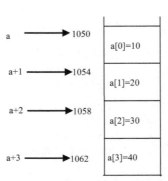

图 8-8　数组元素存储情况

　　*(a+i)—地址法

都是指 a 数组中序号为 i 的元素值。

二、指向一维数组的指针变量

　　（1）定义了一维数组后，可以定义类型相同的指针变量指向该数组元素或数组的首地址，例如：

```
int *p;
p=&a[0];
```

　　p 指向 a，*p 就是 a[0]的值，*(p+1)就是 a[1]的值，如图 8-9 所示。

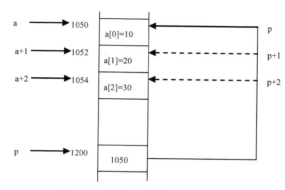

图 8-9　指向一维数的指针变量

　　对于数组元素 a[i]，可以用 4 种方式表示：a[i];、p[i];、*(a+i);和*(p+i)。

　　对于数组元素 a[i]的地址也有 4 种方式表示：&a[i];、p[i];、a+i;和 p+i。

　　（2）操作要点。

　　① p 是指针变量，它的值可以不断变化，因此 p 可以指向不同的数组元素。例如，p++表示使 p 的值加 1 再赋给 p，使 p 指向当前数组元素的下一个元素。

　　② 数组名 a 代表数组的起始地址，它是一个常数，不能做自加（或自减）运算，因此它不能改变其指向。

　　例如，用下面的方法输出 a 数组中的元素是错误的。

```
for(i=0;i<3;i++)
printf("%d",*a++);
```

　　③ 在使用指针法访问数组元素时，注意"下标是否越界"。C 编译系统不指出"下标越界"错误，如果下标越界，程序运行后可能得到意想不到的结果。

　　④ 指针可以进行关系运算。例如 for(p=a;p<a+3;p++)语句，p<a+3 就是两个地址进行比较。当 p 的值（地址）小于 a+3 的值（地址）时，执行循环体语句。

三、二维数组名及数组元素的地址

　　定义一个 2 行 3 列的二维数组：

```
int a[2][3]={{1,2,3},{4,5,6}};
```

　　a 是一个数组名，a 数组包含 2 行，即 2 个元素：a[0]和 a[1]。而每一元素又是一个一维数组，它包含 3 个元素，如 a[0]所代表的一维数组又包含 3 个元素：a[0][0]、a[0][1]和 a[0][2]。

和一维数组名一样，二维数组名也代表二维数组的首地址，现在的首元素不是一个整型变量，而是由 3 个整型元素所组成的一维数组，因此 a 代表的是首行的首地址。a+1 代表第 1 行的首地址。对于二维数组 a 中的第 i 行、第 j 列的元素的地址，可表示为 a[i]+j 或*(a+i)+j，如图 8-10 所示。

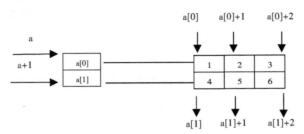

图 8-10　二维数组元素地址的表示方法

二维数组元素有 4 种表示方法：a[i][j];、*(a[i]+j);、*(*(a+i)+j);和(*(a+i))[j]。

二维数组元素的地址有 3 种表示方法：&a[i][j];、a[i]+j;和*(a+i)+j;。

四、指向二维数组的指针变量

（1）指向二维数组元素的指针变量是指用来存放二维数组元素地址的变量。可以通过指向元素的指针来引用二维数组的元素。

如定义：

```
int a[2][3];
int *p;
p=a[0];
```

则 p 是整型的指针变量，并且通过赋初值使它指向整型数组 a 的首地址，*p 的值是 a[0][0]。

（2）对于指针变量 p 可以通过语句 p=a[0]或 p=&a[0][0]指向二维数组，如果改写为 p=a 就会出错。

五、指向二维数组的行指针变量

所谓行指针变量，就是用来存放"行"地址的变量，即行指针变量是指向一维数组的指针变量，定义格式如下：

类型名 (*指针变量名)[数组长度]

例如：

```
int (*p)[5];
```

*p 有 5 个元素，每个元素为整型。也就是 p 所指的对象是有 5 个整型元素的数组，即 p 是行指针，如图 8-11 所示。

图 8-11　行指针变量

知识应用

1. 指针方法输出数组 a 中的全部元素

分析：

（1）用下标法来访问数组元素时，是先计算出数组元素 a[i] 的地址 a+i，然后再找到它指向的存储单元，读取它的值输出。

（2）用地址法访问数组元素方法一：直接通过 *(a+i) 访问地址 a+i 所指向的数组元素 a[i]。数组 a 的起始地址是不变的，可以利用整型变量 i 的不断变化，从而使 *(a+i) 指向数组中的不同元素。

（3）用地址法访问数组元素方法二：利用指针变量 p 指向数组元素的方法输出各元素值。首先，p 的初值等于 a，p 指向 a 数组中下标为 0 的元素 a[0]，*p 就是 a[0]：在输出 *p 值之后，p++ 使指针 p 指向下一个元素，即 p 指向 a[1]。在输出 *p 的值之后，p++ 又使指针 p 指向下一个元素，……直到 p=a+3 为止，从而输出 a 数组的 3 个元素值。

下面给出了 3 种方法的程序：

下标法：

```c
#include <stdio.h>
main()
{
  int a[3],i;
  a[0]=10;a[1]=20;a[2]=30;
  for(i=0;i<3;i++)
  printf("a[%d]=%d",i,a[i]);
  printf("\n");
}
```

运行结果：

a[0]=10 a[1]=20 a[2]=30

地址法一：利用数组名计算数组元素地址，输出各元素的值。

```c
#include <stdio.h>
main()
{
  int a[3],i;
  a[0]=10;a[1]=20;a[2]=30;
  for(i=0;i<3;i++)
  printf("a[%d]=%d",i,*(a+i));
  printf("\n");
}
```

运行结果：

a[0]=10 a[1]=20 a[2]=30

地址法二：用指针变量指向数组元素，输出各元素的值。

```c
#include <stdio.h>
main()
{
    int a[3],i=0;
    int *p;
```

```
   a[0]=10;a[1]=20;a[2]=30;
   for(p=a;p<a+3;p++)
   printf("a[%d]=%d",i++,*p);
   printf("\n");
}
```

运行结果：

```
a[0]=10 a[1]=20 a[2]=30
```

2. 用指针变量输出数组元素的值

分析：

（1）定义指针变量 p，通过语句 p=a[0]使指针变量 p 指向数组 a。

（2）指针变量 p+1 使 p 的地址值增加两个字节，移到指向下一个元素处。循环执行 12 次，输出全部元素的值。程序如下：

```
main()
{
   int a[3][4]={1,2,3,4,5,6,7,8,9,10,11,12};
   int *p;
   for(p=a[0];p<a[0]+12;p++)
   {
   if((p-a[0])%4= =0)
     printf("\n");
     printf("%4d",*p);
   }
}
```

任务实施

一、任务流程分解

流程描述：冒泡排序。

首先将处于第一位置的数与处于第二位置的数相比较，若第二位置的数较小，则交换，否则不变；此处，因 84>32，故不变。

然后将第二位置的数与第三位置的数比较，若后者较小，则交换，否则不变。

之后，再将第三位置的数与第四位置的数比较，若后者小，则交换，否则不变；此例中，因 5<84，故交换；交换后，84 为新的第四位置数。

依此类推，将第四位置数与第五位置数相比较，即完成了第一趟排序。

第一趟排序过程中各数据位置如下：

初始：32，84，16，5，8

第一次比较后：32，84，16，5，8

第二次比较后：32，16，84，5，8

第三次比较后：32，16，5，84，8

第四次比较后：32，16，5，8，84

第二趟排序与第一趟排序类似，只是所需排的数组是[32、16、5、8]，因最后一个数字已经是最大，且排在最后，故不再管它。

二、代码实现

```
#include <stdio.h>
void print_result(float *,int);
void bubble_sort(float *,int);
main()
{
    int i;
    float array[10];
    float * pointer;
    printf("请输入 10 个待排序的物品的价格，以空格隔开：\n");
    for(i=0;i<10;i++)
    {
    scanf("%f",&array[i]);
    }
pointer=array;
bubble_sort(pointer,10);
print_result(pointer,10);
printf("排序后结果是：\n");
}
/*输出结果*/
void print_result(float *p,int n)
{
    int k;
    for(k=0;k<n;k++)
    {
    printf("%g   ",*(p+k));
}
}
/*全用指针的冒泡排序法*/
void bubble_sort(float *pt,int n)
{
    int i,j;
    float tempnum;

    for(i=0;i<n;i++){
        for(j=i+1;j<n;j++)
        {
            if(*(pt+j)>*(pt+i))
            {
                tempnum=*(pt+i);
                *(pt+i)=*(pt+j);
                *(pt+j)=tempnum;
            }
        }
    }
}
```

三、演示结果

程序结果演示如图 8-12 所示。

请输入10个待排序的物品的价格，以空格隔开：
29 19 59 39 69 89 99 79 49 9
排序后结果是：
99 89 79 69 59 49 39 29 19 9 Press any key to continue_

图 8-12 演示结果界面

任务 23　简单的文本处理

任务描述

本任务设计完成一个文本处理软件。程序运行后，按照提示信息，用户输入文本，能够简单处理文本的比较、复制、粘贴功能。

知识准备

一、指向字符数组的指针变量

（1）字符串是存放在字符数组中的。为了对字符串进行操作，可以定义一个字符数组，也可以定义一个字符指针，通过指针的指向来访问所需要的字符。

```
char string[]="Language";
char *p;
p=string;
```

p 是指向字符数据的指针变量，将 string 数组的起始地址赋给 p，可以通过 p++ 逐个输出字符，直到遇到 "\0" 为止。

（2）通过指针变量输出字符串，可以用 %c 和 %s 格式输出，直到遇到 "\0" 为止。

二、指向字符串常量的指针变量

（1）在程序中为了方便和简捷地处理字符串，会利用一个字符指针变量指向字符串常量，其方法有两种：

① 在指针变量初始化时。格式是：

char *<指针变量名>=<字符串常量>;

例如：

char *s="It is easy! ";

② 在程序中，直接将字符串常量赋给一个字符型指针变量。格式是：

char *<指针变量名>;

<指针变量名>=<字符串常量>;

例如：

```
char *s;
s="It is easy! ";
```

（2）操作要点。

char *s="It is easy! ";

等价于

```
char *s;
s="It is easy! ";
```

采用字符指针指向的字符串与采用字符数组存放的字符串不同，对于数组元素赋值，可以在定义数组时整体赋初值，也可以在定义之后逐个元素赋值，但不能在定义后整体赋值。下面的用法是错误的：

```
char c[12];
c="It is easy! ";
```

知识应用

将字符串 a 复制为字符串 b。

分析：

（1）定义指针变量 p1、p2 分别指向字符串 a 和 b 第 1 个字符的地址。

（2）通过赋值语句*p2=*p1 将字符串 a 中的元素赋给 p2 所指向的元素。必须保证使 p1 和 p2 同步移动，如图 8-13 所示。

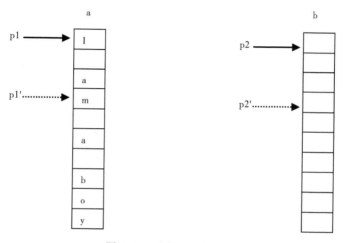

图 8-13　同步移动指针

程序如下：

```
main()
{
  char a[]="I am a boy",b[20],*p1,*p2;
  int i;
  p1=a;
  p2=b;
  for(;*p1!= '\0';p1++,p2++)
    *p2=*p1;
  *p2='\0';
  printf("字符串 a 是:%s\n",a);
  printf("字符串 b 是: ");
  for(i=0;b[i]!= '\0';i++)
    printf("%c",b[i]);
  printf("\n");
}
```

任务实施

一、任务流程分解

流程描述：这是个简单的关于字符串之间的函数计算，但是每一个简单的计算也都是一种复杂计算的基础。本程序包含字符串的比较、字符串的连接、字符串的复制，功能模块如图 8-14 所示。

字符串的比较：主要针对两个字符串进行字符对应位置字符的比较。

字符串的连接：主要针对两个字符串之间进行，将第二个字符串连接到第一个字符串后面组成一个新的字符串而输出。

字符串的复制：将字符串完全复制到另一个字符串中。

```
功能模块
  │
  ├── 字符串的比较
  ├── 字符串的合并
  └── 字符串的复制
```

图 8-14　功能模块

二、代码实现

```c
#include <stdio.h>
/*1.字符串比较函数*/

int mystrcmp(char *s,char *t)
{
  for(;*s==*t; s++,t++)
    if(*s=='\0')
       return 0;
  return *s-*t;
}


/*2.字符串复制函数*/

void mystrcpy(char *s,char *t)
{
  while(*s++=*t++)
     ;
}

/*3.字符串连接函数*/

void mystrcat(char *s,char *t)
{
  while(*s!='\0')
     s++;
  while((*(s++)=*(t++))!='\0')
     ;
}
main()
```

```
{
  char s[100]="abcdefg";
  char t[100]="1234567";
  printf("请输入第一个字符串: \n");
  scanf("%s",s);
  printf("请输入第二个字符串: \n");
  scanf("%s",t);
  mystrcat(s,t);
  printf("连接后的字符串是%s\n",s);

  if(mystrcmp(s,t))
      printf("两个字符串比较的结果是, 第一个字符串大\n");
  else
      printf("两个字符串比较的结果是, 第二个字符串大\n");
  mystrcpy(s,t);
  printf("复制后, 第一个字符串是%s\n", s);
}
```

三、结果演示

程序结果演示如图 8-15 所示。

图 8-15　演示结果界面

任务 24　姓 名 排 序

 任务描述

本任务设计完成一个姓名排序软件。程序运行后, 完成按照字典顺序对姓名进行排序。

知识准备

一、值传递方式与地址传递方式

1. 值传递方式

值传递方式是实参和形参之间为单向传递的关系, 即只能由实参传值给形参, 而形参的变化不会影响到实参。例如:

```
main()
{ ...
  c=add(a,b);
```

```
    …
}
float add(float x,float y)
{…}
```

2. 地址传递方式

地址传递方式传递的不是数值，而是地址。在函数调用时，首先由实参向形参赋值，此时形参与实参的值相同，即实参和形参指示了相同的地址单元；在函数体执行中，改变形参所指向的单元内容，也就改变了实参所指单元的内容。例如：

```
main()
{ …
  c=swap(&a,&b);
  …
}
float swap(float *x,float *y)
{…}
```

二、数组元素做实参

实参是表达式形式，数组元素是表达式的组成部分，因此数组元素可以作为函数的实参，与变量作实参一样，是单向传递，"即值传递方式"。例如：

```
main()
{
 int a[3]={1,2,3},sum;
 sum=add(a[0],a[1]);
 …
}
int add(int x,int y)
{
…
}
```

操作要点：

（1）函数调用时，将数组元素作为实参传递给形参，这时实参和形参是单向传递的关系。

（2）函数调用时，若将数组元素的地址作为实参，则相应的形参为数组类型的指针，可以达到间接修改数组元素值的目的。

三、数组名做实参

用数组名作为函数参数时，由于数组名代表的是数组首元素的地址，因此传递的值是地址，所以要求形参为指针变量。

例如：

```
main()                          f(int *arr,int n)
{ int a[10];                    {
 ⋮                                ⋮
f(a,10);                        }
 ⋮
}
```

等价于：

```
main()                              f(int arr[10],int n)
{ int a[10];                        {
    ⋮                                   ⋮
  f(a,10);                          }
    ⋮
}
```

当函数的参数为数组名时，形参数组和实参数组共占同一段内存单元，形参数组中元素的变化会使得实参数组中的元素发生同样的变化，如图 8-16 所示。

图 8-16 数组名做实参

操作要点：

当数组名作为实参，想在函数中改变此数组元素的值时，实参与形参的对应关系有下述 4 种情况。

（1）形参和实参都用数组名。

```
main()                              f(int x[ ],int n)
{ int a[10];                        {
    ⋮                                   ⋮
  f(a,10);                          }
    ⋮
}
```

（2）实参用数组名，形参用指针变量。

```
main()                              f(int *x,int n)
{ int a[10];                        {
    ⋮                                   ⋮
  f(a,10);                          }
    ⋮
}
```

（3）实参形参都用指针变量。

```
main()                              f(int *x,int n)
{         int                       {
a[10],*p;                               ⋮
  p=a;                              }
    ⋮
  f(p,10);
    ⋮
}
```

（4）实参为指针变量，形参为数组名。

```
main()
{ int a[10],*p;
  p=a;
⋮
  f(p,10);
⋮
}
```

```
f(int x[],int n)
{
⋮
}
```

四、指针数组的定义和使用

指针数组是指数组中每个元素都是同类型的指针类型，即指针数组是用来存放一批地址的。其定义形式为：

类型名　*数组名[数组长度]

例如：

```
char *name[3]={"Li Fen","Zhao Li","Li Miao"};
```

name 是一维数，它有 3 个元素，每个元素都是指向字符数据的指针型数据，如图 8-17 所示。

图 8-17　指针数组

操作要点：

（1）int *(p)[3]与 int *p[3]是不同的，前者是一个指向一维数组的指针变量，后者是一个包含 3 个元素的指针数组。

（2）指针数组常与二维数组和字符串相联系，指针数组的元素用来指向二维数组的行或字符串等。

五、main()函数的参数

（1）main() 函数可以有参数，其具体格式如下：

```
main(int argc,char *argv)
{
  ...
}
```

main()函数的实参是由命令行给出的，一般形式如下：

文件名　参数 1　参数 2 …… 参数 n

假设文件名为 file1，将两个字符串"China"、"Beijing"作为参数传给 main()函数的参数，命令可以写为：

```
file1 China Beijing
```

main()函数的形参 argc 是指命令行中参数的个数（注意，文件名也作为一个参数），argc 的值为 3。第二个形参 argv 是一个指向字符串的指针数组，如图 8-18 所示。

（2）操作要点：

① main()函数的形参命名只要符合标识符的命名规则，用 argc、argv 命名只是一种习惯。

图 8-18 argv 指针指针形式

② main()函数不能被其他函数调用，其形参的值必须通过命令得到，而不能在程序中得到。

知识应用

（1）分析下列程序的输出结果。

分析：

① 此程序为通过自定义函数完成交换数组中两个值，通过两种方法来实现，第一种方法是数组元素作为实参，与之对应的形参是变量，形参值的交换没有影响到实参，实参仍保留原有值，如图 8-19 所示。

图 8-19 形参变量的交换

② 第二种方法是数组元素的地址为实参，与之对应的形参是指针变量，在自定义函数中交换的是形参指针变量所指向单元的内容，那么实参地址中的内容也随之改变，如图 8-20 所示。

图 8-20 形参指针变量的交换

```
void swap1(int a,int b)
{
    int c;
    c=a;
    a=b;
    b=c;
}
void swap2(int *p,int *q)
{
    int t;
    t=*p;
    *p=*q;
    *q=t;
}
main()
{
```

```
int x[4]={1,2,3,4},k;
swap1(x[0],x[1]);
swap2(&x[2],&x[3]);
printf("\n");
for(k=0;k<4;k++)
{
printf("%5d",x[k]);
}
}
```

运行结果：

1 2 4 3

（2）逆序输出数据，将数组的第一个元素放到最后 1 个位置，将第二个元素放到倒数第二个位置……直至最后 1 个元素放到第一个位置。

分析：

① 函数调用时，把数组名作为函数的实参，与之对应的形参可以是同一容量的数组，也可以是指针变量。

② 在实现交换时，定义两个下标变量 l 和 r，l 为第一个元素的下标，r 为最后一个元素的下标。只要判断语句 l<r 为真时，相应交换下标是 l 和 r 的元素，直到条件为假结束。程序如下：

```
main()
{
  void fun(int b[10]);
  int a[10],k;
  printf("请输入 10 个数据\n");
  for(k=0;k<10;k++)
  {
  scanf("%d",&a[k]);              /*输入数组元素*/
  }
  fun(a);                          /*调用函数*/
  printf("\n 现在数组是:\n");
  for(k=0;k<10;k++)
  {
      printf("%3d",a[k]);          /*输出数组元素*/
  }
}
void fun(int b[10])
{
  int l,r,t;
  l=0;
  r=10-1;                          /*l 指示左端元素的下标，r 指示右端元素的下标*/
  while(l<r)
  {
     t=b[l];
     b[l]=b[r];
     b[r]=t;
  l ++;
     r--;
  }
}
```

（3）先存储一个班学生的姓名，从键盘输入一个姓名，查找该人是否为该班学生。

分析：

① 定义一个指针数组，使每个元素指向一个字符串。

② 输入需要查找的姓名，将此名字与班上已有的名字比较，如果有相同，则使开关变量 flag 为 1，否则 flag 为零。根据 flag 的值决定输出的结果。

```c
main()
{
  int i,flag=0;
  char *name[5]={"Li Fen","Zhang Li","Lin Mei","Sun Fei","Wang Bo"};
  char your_name[20];
  printf("请输入你的名字:");
  gets(your_name);
  for(i=0;i<5;i++)
  {
    if(strcmp(name[i],your_name)==0)   /*比较两个字符串是否相同*/
    {
      flag=1;
    }
  }
  puts(your_name);
  if(flag==1)
  {
    printf("在这个班级\n");
  }
  else
  {
    printf("不在这个班级\n");
  }
}
```

任务实施

一、任务流程分解

流程描述：按字典序给若干个字符串排序。

分析：

（1）定义一个指针数组 cp，其包含 6 个字符串常量的首地址。

（2）程序采用选择法字符串进行排序，每一次选择通过函数 strcmp() 来比较字符串的大小，用 k 来保存当前的最小串所在位置，当该次选出的最小串不在合适位置时，通过交换将其放在正确位置，这里交换的是指向字符串的指针变量的位置，其示意图如图 8-21 所示。

cp[0]		W	a	n	g	B	o	\0	
cp[1]		S	u	n	F	e	i	\0	
cp[2]		L	i	n	M	e	i	\0	
cp[3]		Y	a	n	g	X	u	\0	
cp[4]		Z	h	a	o	L	i	\0	
cp[5]		L	i	F	e	n	\0	\0	

图 8-21　字符串排序

二、代码实现

```c
#include <stdio.h>
#include <string.h>
main()
{
    char *cp[6]={ "Li Fen","Zhao Li","Lin Mei","Sun Fei","Wang Bo","YangXu"};
    int i,j,k;
    char *temp;
    for(i=0;i<6;i++)
    {
        k=i;
        for(j=i+1;j<6;j++)
            if(strcmp(cp[j],cp[k])<0) /*比较两个字符的大小*/
                k=j;
        if(k!=i)
        {
            temp=cp[i];                    /*交换两个指向字符串的指针变量的位置*/
            cp[i]=cp[k];
            cp[k]=temp;
        }
    }
    printf("\n姓名排序后的结果是: \n");
    for(i=0;i<6;i++)
        printf("\n%s\n",cp[i]);
}
```

三、结果演示

程序结果演示如图 8-22 所示。

图 8-22　演示结果界面

本 章 小 结

指针是一个特殊的变量，它里面存储的数值被解释成为内存中的一个地址。要弄清一个指针的含义，需要搞清指针 4 方面的内容：指针的类型、指针所指向的类型、指针的值或者叫指针所指向的内存区及指针本身所占据的内存区。从语法的角度看，只要把指针声明语句中的指针名字去掉，剩下的部分就是这个指针的类型，这是指针本身所具有的类型。

指针的类型（即指针本身的类型）和指针所指向的类型是两个概念。当对 C 语言越来越熟悉时，把与指针搅和在一起的"类型"这个概念分成"指针的类型"和"指针所指向的类型"两个概念，是精通指针的关键点之一。

练 习 题

一、选择题

1. 设有说明 int (*ptr)[M];，其中的标识符 ptr 是（　　）。
   A. M 个指向整型变量的指针
   B. 指向 M 个整型变量的函数指针
   C. 一个指向具有 M 列的二维数组的一行的指针
   D. 具有 M 个指针元素的一维数组的指针
2. 已知：double *p[6];，它的含义是（　　）。
   A. p 是指向 double 型变量的指针　　　　B. p 是 double 型数组
   C. p 是指针数组　　　　　　　　　　　　D. p 是数组指针
3. 已知：char s[10], *p=s，则在下列语句中，错误的语句是（　　）。
   A. p=s+5;　　　　B. s=p+s;　　　　C. s[2]=p[4];　　　　D. *p=s[0];
4. 已知：char s[100]; int i;，则在下列引用数组元素的语句中，错误的表示形式是（　　）。
   A. s[i+10]　　　　B. *(s+i)　　　　C. *(i+s)　　　　D. *((s++)+i)
5. 已知：char b[5], *p=b;，则正确的赋值语句是（　　）。
   A. b="abcd";　　　　B. *b="abcd";　　　　C. p="abcd";　　　　D. *p="abcd";
6. 下列对字符串的定义中，错误的是（　　）。
   A. char str[7]="FORTRAN";　　　　B. char str[]="FORTRAN";
   C. char *str="FORTRAN";　　　　　D. char str[]={'F', 'O', 'R', 'T', 'R','A','N',0};
7. 已知：char s[20]="programming", *ps=s;，则不能引用字母 o 的表达式是（　　）。
   A. ps+2　　　　B. s[2]　　　　C. ps[2]　　　　D. ps+=2,*ps
8. 已知：char **s;，正确的语句是（　　）。
   A. s="computer";　　　　　　　　　　B. *s="computer";
   C. **s="computer";　　　　　　　　　D. *s='A';
9. 已知：char c[8]="beijing", *s=c; int i;，则下列输出语句中，错误的是（　　）。
   A. printf("%s\n", s);
   B. printf("%s\n", *s);
   C. for (i=0; i<7; i++)
   D. for(i=0; i<7; i++)　　　printf("%c", c[i]);　　　printf("%c", s[i]);
10. 已知：char *aa[2]={"abcd", "ABCD"};，则以下说法正确的是（　　）。
    A. aa 数组元素的值分别是"abcd"序列和"ABCD"序列
    B. aa 是指针变量，它指向含有两个数组元素的字符型一维数组

C. aa 数组的两个元素分别存放的是含有 4 个字符的一维字符数组的首地址

  D. aa 数组的两个元素中各自存放了字符'a'和'A'的地址

二、填空题

1. 已知 int *p, a;，则语句 "p=&a;" 中的运算符 "&" 的含义是＿＿＿＿＿＿。

2. main(argc, argv)中形式参数 argv 的正确说明形式应当为＿＿＿＿＿＿。

3. 已知函数说明语句 void *f();，则它的含义是＿＿＿＿＿＿。

三、编程题

1. 输入 3 个数，用指针、函数调用方法将数按由大到小的顺序输出。

2. 利用指针的方法，求数组中的最小数。

3. 写一个函数 strcopy()，作用是完成字符串的复制。

4. 编写程序，用指针操作将一个字符串反序存放。

第 **9** 章

结构体、共用体和枚举类型

前面已介绍了基本类型的变量（如整型、实型、字符型变量等），也介绍了一种构造类型数据——数组，数组中的各元素是属于同一个类型的。但是只有这些数据类型是不够的，有时需要将不同类型的数据组合成一个有机的整体，以便于引用。这些组合在一个整体中的数据是互相联系的。例如，表示一个学生的信息有学号、姓名、性别、年龄、成绩等项，这些项都与某一学生相联系。那么，学生姓名应为字符型；学号可为整型或字符型；年龄应为整型；性别应为字符型；成绩可为整型或实型。因为数组中各元素的类型和长度都必须一致，以便于编译系统处理，但不能用一个数组来存放这一组数据。

为了解决这个问题，C 语言中给出了另一种构造数据类型——结构（structure）或叫结构体。它相当于其他高级语言中的记录。"结构"是一种构造类型，它是由若干"成员"组成的。每一个成员可以是一个基本数据类型或者又是一个构造类型。结构即是一种"构造"而成的数据类型，那么在说明和使用之前必须先定义它，也就是构造它，如同在说明和调用函数之前要先定义函数一样。

任务 25　求某学生的平均成绩

任务描述

本任务设计完成一个可以计算学生平均成绩的软件。程序运行后，要求用户输入自己的各科成绩，并根据其输入的各科成绩求解该学生的平均成绩。

知识准备

一、结构体类型的定义

一种结构体类型可以根据需要包含若干个不同类型的成员，但成员的个数必须是确定的。需要说明，一个结构体类型的各个成员可以是不同类型的，也可以是相同类型的。比如日期，一般用年、月、日来表示，可以用 3 个整型变量表示，但这是 3 项密切相关的信息，所以最好是将其定义为结构体类型。

1. 定义结构体类型的一般形式

```
struct 结构体名
{
    类型名 1 成员名 1;
    类型名 2 成员名 2;
    ……
    类型名 n 成员名 n;
};
```

举例：住宿表、成绩表、通讯地址表用 C 语言提供的结构体类型进行描述。

注 意

结构体类型根据所针对的问题其成员的不同，可以有任意多的结构体类型描述。

结构体类型描述如下：

住宿表：
```
struct accommod
{
    char name[20];              /*姓名*/
    char sex;                   /*性别*/
    char job[40];               /*职业*/
    int age;                    /*年龄*/
    long number;                /*身份证号码*/
} ;
```

成绩表：
```
struct score
{
    char grade[20];             /*班级*/
    long number;                /*学号*/
    char name[20];              /*姓名*/
    float os;                   /*操作系统*/
    float datastru;             /*数据结构*/
    float compnet;              /*计算机网络*/
} ;
```

通讯地址表：
```
struct addr
{
    char name[20];              /*姓名*/
    char department[30];        /*部门*/
    char address[30];           /*住址*/
    long box;                   /*邮编*/
    long phone;                 /*电话号码*/
    char email[30];             /*Email*/
};
```

2. 结构体类型定义注意事项

（1）定义形式中，struct 是声明结构体类型时的关键字，不能省略。struct 后面跟的是所定义的结构体类型的名字，结构体名应符合标识符的命名规则。

（2）结构体的各个成员用花括号括起来，结构体成员的定义方式和变量的定义方式一样，成员名的命名规则和变量相同；各成员之间用分号分隔。结构体类型的定义以分号结束。花括号外边的分号不可省略。

（3）结构体成员的数据类型可以是基本类型，也可以是构造类型，如数组；还可以是指针或已说明过的结构体。

二、结构体变量的定义和初始化

有了结构体类型，就可以定义结构体类型变量，以对不同变量的各成员进行引用。

1. 定义结构体变量的 3 种定义方法

（1）定义结构体类型，再定义结构体变量。一般形式为：

```
struct 结构名
{
    成员表列
};
struct 结构名变量名表列;
```

（2）在定义结构体类型的同时定义结构体变量。一般形式为：

```
struct 结构名
{
    成员表列
}变量名表列;
```

（3）直接定义结构体变量。一般形式为：

```
struct
{
    成员表列
}变量名表列;
```

2. 结构体变量的初始化

和其他类型变量一样，对结构体变量可以在定义时指定初始值。初始化数据之间要用逗号隔开，不进行初始化的成员项要用逗号跳过。结构体变量只能对外部和静态结构体变量初始化。

举例：利用不同的方法定义结构体变量。

（1）方法一：

```
struct stu
{
    int num;
    char name[20];
    char sex;
    float score;
};
struct stu boy1,boy2;
```

（2）方法二：

```
struct stu
{
int num;
char name[20];
char sex;
float score;
}boy1,boy2;
```

（3）方法三：

```
struct
```

```
{
    int num;
    char name[20];
    char sex;
    float score;
}boy1,boy2;
```
定义并初始化:
```
struct stu boy1={102,"Zhang ping",'M',78.5};
```

3. 结构体变量注意事项

（1）定义了结构体变量后，系统会为之分配内存单元，结构体变量所占用存储空间的大小等于各成员项占用内存空间大小之和。

（2）类型与变量是不同的概念，不要混同。只能对变量赋值、存取或运算，而不能对一个类型赋值、存取或运算。在编译时，对类型是不分配空间的，只对变量分配空间。

（3）对结构体中的成员，可以单独使用，它的作用与地位相当于普通变量。

（4）成员也可以是一个结构体变量。

（5）成员名可以与程序中的变量名相同，两者不代表同一对象。

三、结构体变量的引用

1. 结构变量中成员的一般形式是
结构体变量名.成员名
也可以通过指向结构体的指针来引用结构体的成员，形式为:
(*指针变量名).成员名或者指针变量名->成员名

2. 结构体变量注意事项

（1）不能将一个结构体变量作为一个整体进行输入和输出，只能对结构体变量中的各个成员分别进行输入和输出。例如，已定义 student1 和 student2 为结构体变量并且他们已有值。不能这样引用:
```
printf("%d,%s,%c,%d,%f,%s\n",student1);
```
（2）如果成员本身又属一个结构体类型，则要用若干个成员运算符，一级一级地找到最低的一级的成员。只能对最低级的成员进行赋值或存取以及运算。例如，对上例定义的结构体变量 stu，可以这样访问成员:
```
stu.number
stu.Birthday.year
```

─ 注 意 ─

不能用 Stu.Birthday 来访问 stu 变量中的成员 Birthday，因为 Birthday 本身是一个结构体变量。

（3）对结构体变量的成员可以像普通变量一样进行各种运算（根据其类型决定可以进行的运算）。例如:
```
student.score[0]=stu.score[1];
student.age++;
++student.age;
```
由于"."运算符的优先级最高，因此 student.age++是对 student.age 进行自加运算，而不是先对 age 进行自加运算。

（4）以引用结构体变量成员的地址，也可以引用结构体变量的地址，但不能整体读入结构体变量。

四、共用体类型的定义

共用体是将不同名称、不同类型的一组数据组织为一个整体，共享同一存储单元，该单元的实际大小由其中的最长类型的数据确定。共用体也叫联合体。

1. 共用体类型的一般形式

```
union 共用体名
{
    数据类型成员名；
    数据类型成员名；
        …
} 共用体变量名；
```

举例：定义一个共同体类型。

```
union data
{
    int i;
    char ch;
    float f;
};
```

表示共用体类型 data 有 3 个成员：i、ch、f。其中 i 是整型，ch 是字符型，f 是实型。3 个成员共占一段内存单元。

2. 共用体类型注意事项

（1）union 是关键字，标志共用体类型。union 后面跟的是共用体类型的名字，共用体名应符合标识符的命名规则。

（2）若括号后是共用体的各个成员，定义成员的方式和定义变量相同，各成员之间用分号分隔，共用体类型的定义以分号结束。

（3）共用体类型的成员可以是基本类型的，也可以是构造类型的，但通常情况下，共用体的成员是基本类型的。

（4）共用体的所有成员共占一段内存，所有成员的起始地址是相同的，整个共用体所占的内存单元的大小等于占用内存单元最多的那个成员所占的单元数。如上例中，成员 i 是整型，需占 2 个字节；ch 是字符型，需占用 1 个字节；f 是单精度实型，需占 4 个字节；那么此共用体类型需要占 4 个字节，并且，这 3 个成员所占单元的起始地址和共用体的起始地址都是相同的。

（5）共用体和结构体有下列区别：

① 结构体和共用体都是由多个不同的数据类型成员组成，但在任何同一时刻，共用体中只存放了一个被选中的成员，而结构体的所有成员都存在。

② 对共用体的不同成员赋值，将会对其他成员重写，原来成员的值就不存在了。而对结构体的不同成员赋值则互不影响。

五、共用体变量的定义与引用

1. 定义共用体变量有 3 种方法

（1）已定义的共用体类型去定义共用已变量。

（2）定义共用体类型的同时定义变量。

（3）定义无名共用体类型的同时定义变量。

举例：使用 3 种方法定义共用体变量。

方法一：

```
union un
{
    char c;
    int k;
    float f;
};
union un un1,un2;
```

方法二：

```
union un
{
    char c;
    int k;
    float f;
}un1,un2;
```

方法三：

```
union
{
    char c;
    int k;
    float f;
}un1,un2;
```

2. 共用体变量成员的引用方法

共用体变量名.成员名

3. 共同体变量的定义与引用注意事项

（1）对于共用体变量，只能引用它的成员，而不能引用整个共用体变量。

（2）也能通过定义指向共用体的指针变量来引用共用体变量，此时要用->符号，此时共用体访问成员可表示成：

共用体名->成员名

如已有定义：

```
union un *pu=&un1;
```

那么以下是合法的引用方式：

```
(*pu).c, pu->k
```

（3）共用体可以出现在结构体内，它的成员也可以是结构体。反之，结构体也可以出现在共用体类型定义中，数组也可作为共用体的成员。例如：

若要访问结构体变量 y[1]中共用体 x 的成员 i，可以写成：

```
y[1].x.i;
```

若要访问结构体变量 y[2]中共用体 x 的字符串指针 ch 的第一个字符可写成：

```
struct
{
    int age;
    char *addr;
    union
    {
        int i;
        char *ch;
    }x;
}y[10];
```

*y[2].x.ch; 若写成 y[2].x.*ch;则是错误的。

（4）不能把共用体变量作为函数参数，也不能使函数带回共用体变量，但可以使用指向共用体变量的指针（与结构体变量用法相仿）。

知识应用

（1）定义一种结构体类型（基本信息：姓名、年龄、身高、爱好），定义结构体变量，初始化信息为"小刘，18，1.75，羽毛球、篮球、足球"，并输出信息。

```
#include <stdio.h>
/*定义个人信息结构体*/
struct person
{
    char name[20];              /*姓名*/
    int age;                    /*年龄*/
    float height;               /*身高*/
    char hobby[40];             /*爱好*/
};
main()
{
    struct person man={"小刘", 18, 1.75, "羽毛球、篮球、足球"};
/*定义结构体变量并初始化*/
    printf("某人个人信息如下: \n");
    printf("姓名: %s\n 年龄: %d\n 身高: %.2f\n 爱好: %s\n",
            man.name,man.age ,man.height,man.hobby); /*输出个人信息*/
}
```

（2）定义一种结构体类型（基本信息：姓名、语文成绩、数学成绩、英语成绩、总成绩），录入基本信息，并输出信息。

```
#include <stdio.h>
/*定义学生成绩信息*/
struct student
{
    char name[20];              /*姓名*/
    float chinese;              /*语文成绩*/
    float math;                 /*数学成绩*/
    float english;              /*英语成绩*/
    float total;                /*总成绩*/
};
main()
{
```

```
structstudent stu;
   printf("请录入某人的成绩信息: \n");
   printf("姓名: ");
   scanf("%s",stu.name);
   printf("语文成绩: ");
   scanf("%f",&stu.chinese);
   printf("数学成绩: ");
   scanf("%f",&stu.math);
   printf("英语成绩: ");
   scanf("%f",&stu.english);
   stu.total=stu.chinese+stu.english+stu.math;  /*计算总成绩*/
     printf("该同学基本成绩信息如下\n");
   printf("姓名: %s\n 语文: %.2f\n 数学: %.2f\n 英语: %.2f\n 总成绩: %.2f\n",
      stu.name,stu.chinese,stu.math,stu.english,stu.total);
        /*输出学生成绩信息*/
}
```

（3）共用体类型与结构体类型实际占用存储空间的比较。

```
#include <stdio.h>
union data   /*共用体*/
{
  int a;
  float b;
  double c;
};
struct stud   /*结构体*/
{
  int a;
  float b;
  double c;
};
main()
{
  printf("%d,%d",sizeof(struct stud),sizeof(union data));
}
```

运行结果：

16,8

注 意

程序的输出结果说明结构体类型所占的内存空间为其各成员所占存储空间之和（4+4+8=16）。而共用体类型实际占用存储空间为其最长的成员所占的存储空间（8）。使用时，根据需要使用其中的某一个成员。

任务实施

一、任务流程分解

流程描述：程序开始执行后，通过设计的学生成绩信息结构体来定义相应结构体变量，通过输入语句实现各科成绩的录入，并根据录入信息计算学生的平均成绩，将计算结果输出给用户。

（1）程序初始化分析：定义学生成绩信息结构体类型、定义该类型变量、平均成绩。

（2）数据录入分析：用户录入学生各科的成绩信息。

（3）数据处理分析：根据录入的信息求解学生的平均成绩。

（4）输出结果分析：给用户显示该学生的平均成绩。

二、代码实现

```c
#include <stdio.h>
/*定义学生成绩信息结构体*/
struct student
{
  float clanguage;              /*C 语言成绩*/
  float maths;                  /*数学成绩*/
  float physical;               /*物理成绩*/
  float english;                /*英语成绩*/
  float biology;                /*生物成绩*/
} stu1;
main()
{
  float average;                /*平均成绩*/
  printf("请输入 C 语言，数学，物理，英语，生物的成绩\n");
  /*录入各科成绩*/
  printf("请输入 C 语言成绩:");
  scanf("%f",&stu1.clanguage);
  printf("请输入数学成绩:");
  scanf("%f",&stu1.maths);
  printf("请输入物理成绩:");
  scanf("%f",&stu1.physical);
  printf("请输入英语成绩:");
  scanf("%f",&stu1.english);
  printf("请输入生物成绩:");
  scanf("%f",&stu1.biology);
    /*计算平均成绩*/
average=(stu1.clanguage+stu1.maths+stu1.physical+stu1.english+stu1.biology)/5;
  printf("你本学期平均成绩为: %.2f\n",average);
}
```

三、结果演示

程序结果演示如图 9-1 所示。

图 9-1　演示结果界面

任务 26　俺要当村长

任务描述

　　某村有若干名村民，要进行一次民主选举，确定村长的人选，已知有 3 名候选人参加本次竞选，本任务设计完成一个可以完成投票计票的软件。程序运行后，要求用户输入选民所投票的候选人名字，选票记录完毕后，自动显示各位候选人的得票数，并根据票数自动确定选举结果。

知识准备

一、结构体数组的定义与初始化

　　一个结构体变量中可以存放一组数据（如一个学生的学号、姓名、成绩等数据）。如果有 10 个学生的数据需要参加运算，显然应该用数组，这就是结构体数组。结构体数组与以前介绍过的数值型数组的不同之处在于每个数组元素都是一个结构体类型的数据，它们都分别包括各个成员（分量）项。

1. 结构体数组的定义

　　结构体数组的定义方法和结构变量相似，只需说明它为数组类型即可。结构体数组也具有一般数组的性质，结构体数组是由固定数目的相同结构体类型的变量按照一定的顺序组成的数据类型。

　　举例：结构体数组的定义。

```
struct stu
{
int num;
char *name;
char sex;
float score;
};
struct stu  boy[5];
```

2. 结构体数组的初始化

结构体数组的初始化的一般形式是在定义数组的后面加上"={初值表列};"。

　　举例：结构体数组的初始化。

```
struct student
{
  int  num;
  char name[20];
  char sex;
  int age;
};
struct student  stu[ ]={100,"Wang Lin",'M',20,
                101,"Li Gang",'M',19,
                110,"Liu Yan",'F',19};
```

3. 结构体数组定义与初始化注意事项

（1）一个结构体数组也可以直接定义，例如：

```
struct stu
{
    int num;
    :
}boy[5];
```

或

```
struct
{
    int num;
    :
}boy[5];
```

（2）结构体数组的初始化方法有 3 种，可以顺序初始化，也可以分行初始化。例如：

```
struct student
{
    int num;
    char name[20];
    char sex;
    int age;
};
struct student stu[]={{100,"Wang Lin",'M',20},
                {101,"Li Gang",'M',19},
                {110,"Liu Yan",'F',19}};
```

数组的初始化也可以用以下形式：

```
struct student
{
    int num;
    char name[20];
    char sex;
    int age;
}stu[]={{…},{…},{…}};
```

二、结构体数组的引用

1. 结构体数组元素的一般引用形式

结构体数组名[下标].成员名

2. 结构体数组引用的注意事项

（1）结构体数组元素也是通过数组名和下标来引用的，但其元素是结构体类型的数据，因此，对结构体数组元素的引用与对结构体变量的引用一样，也要逐级引用，只能对最低级的成员进行存取和运算。

（2）可以通过指向结构体数组的指针来引用数组元素及其成员。

知识应用

（1）某班有 3 名学生，定义一种结构体类型（包含姓名、班级、学号），定义结构体数组，初始化信息为"（张三，09411，00001）、（李四，09411，00002）、（王五，09411，00003）"并输出信息。

```
#include <stdio.h>
/*学生基本信息类型*/
struct student
{
    char name[20];              /*姓名*/
    char grade[20];             /*班级*/
    char number[20];            /*学号*/
}
main()
{
    /*初始化学生基本信息*/
    student stu[3]={{"张三","09411","00001"},{"李四","09411","00002"},{"王五
","09411","00003"}};
    int i;
    /*输出每个学生的基本信息*/
    for(i=0;i<=2;i++)
        printf("姓名:%s,班级:%s,学号:%s\n",stu[i].name,stu[i].grade,stu[i].
number);
```

（2）某班有 5 名学生，定义一种结构体类型（包含姓名、班级、学号），定义结构体数组，录入学生的这些信息，并输出信息。

```
#include <stdio.h>
/*学生基本信息类型*/
struct student
{
    char name[20];              /*姓名*/
    char grade[20];             /*班级*/
    char number[20];            /*学号*/
}
main()
{
    /*定义学生基本类型变量*/
    student stu[3];
    int i;
    /*输入每个学生的基本信息*/
    printf("请输入学生的姓名、班级、学号信息\n");
    for(i=0;i<=2;i++)
        scanf("%s%s%s",stu[i].name,stu[i].grade,stu[i].number);
    /*输出每个学生的基本信息*/
    for(i=0;i<=2;i++)
        printf("姓名:%s,班级:%s,学号:%s\n",stu[i].name,stu[i].grade,stu[i].
number);
}
```

（3）计算学生的平均成绩和不及格的人数。

```
#include <stdio.h>
/*定义学生基本信息*
struct stu
{
    int num;                    /*学号*/
    char *name;                 /*姓名*/
    char sex;                   /*性别*/
    float score;        /*成绩*/
}boy[5]={ {101,"Li ping",'M',45},
        {102,"Zhang ping",'M',62.5},
```

```
            {103,"He fang",'F',92.5},
            {104,"Cheng ling",'F',87},
            {105,"Wang ming",'M',58},
          };                    /*初始化学生基本信息*/
main()
{
int i,c=0;
float ave,s=0;
/*计算总成绩和不及格人数*/
for(i=0;i<5;i++)
    {
       s+=boy[i].score;           /*计算总成绩*/
       if(boy[i].score<60) c+=1;   /*不及格人数*/
    }
printf("s=%f\n",s);
ave=s/5;
printf("average=%f\ncount=%d\n",ave,c);
}
```

任务实施

一、任务流程分解

流程描述：程序开始执行后，会要求录入每一票上候选人的名字，通过比较录入的候选人名字和初始化的候选人信息，确定该选票投给哪位候选人，并记录每位候选人得票情况，计票结束后，比较各个候选人的得票情况，确定哪位候选人最终胜出。

（1）程序初始化分析：定义候选人结构体类型、定义并初始化候选人信息、投票人数，并定义投票人数和候选人数的循环控制变量。

（2）数据录入分析：录入每张选票上候选人的名字。

（3）数据处理分析：选票上候选人的名字与实际候选人的名字进行比较确定得票情况，并比较哪位候选人得票数最多。

（4）输出结果分析：显示每一位候选人的得票数，并根据得票数最多的候选人确定投票结果。

二、代码实现

```
/*俺要当村长*/
#include <stdio.h>
#include <string.h>
#define MAXNUMBER 30
/*定义候选人结构体类型*/
struct candidate
{
  char name[20];         /*候选人姓名*/
  int count;             /*候选人得票数*/
}
main()
{
  candidate cand[3]={{"小红",0},{"小明",0},{"小花",0}};  /*初始化所有候选人*/
  int number,n;
```

```
    int temp=0,num=0;
    char candname[20];
      /*选举计票*/
    for(number=0;number<MAXNUMBER;number++)
    {
        printf("请输入您要投票的候选人名字(小红,小明,小花):");
gets(candname);
        for(n=0;n<3;n++)
        {
            if(strcmp(cand[n].name,candname)==0)
                cand[n].count++;
        }
    }
    printf("村长选举, 计票结果如下: \n");
/*候选人得票比较*/
    for(n=0;n<3;n++)
    {
        printf("%s 得票:%d\n",cand[n].name,cand[n].count);
        if(cand[n].count>temp)
        {
            temp=cand[n].count;
            num=n;
        }
    }
    printf("恭喜%s 当选村长! ",cand[num].name);
}
```

三、结果演示

程序结果演示如图 9-2 所示。

图 9-2　演示结果界面

任务 27　单　链　表

 任务实施

本任务设计完成一个可以动态变化的链表。程序运行后，用户根据不同需要选择不同功能的选项，根据选择的不同实现链表的创建、链表的数据插入、链表的数据输出功能。

 知识准备

一、向函数传递结构体数据

1. 向函数传递结构体变量的成员

用结构体变量的成员做函数的实参的用法与普通变量做函数的实参的用法相同，要注意作为实参的结构体变量的成员的类型要与形参的类型匹配。形参与实参之间仍然是"值传递"的方式，参见知识应用（1）。

2. 向函数传递结构体变量

在老的 C 编译系统中不允许结构体变量做函数的参数，ANSI C 标准取消了此限制，允许函数之间传递结构体变量，若实参是结构体变量，那么形参也应该是同类型的结构体变量，参见知识应用（2）。

3. 向函数传递结构体变量的地址

向函数传递结构体变量的地址是地址传递方式，被调函数中可以通过实参传来的结构体变量的地址引用结构体变量，从而在被调函数中对结构体变量进行修改，也就间接地达到了改变主调函数中的结构体变量的值的目的，参见知识应用（3）。

4. 向函数传递结构体变量的数组

向函数传递结构体数组与传递其他数组一样，实质上传递的是数组的首地址，形参数组与实参数组共占内存单元，参见知识应用（4）。

二、链表特点

1. 链表表现形式

链表是一种动态地进行存储单元分配的数据结构，如图 9-3 所示是一种简单的链表。

图 9-3　简单链表示意图

由示意图可以看出链表中的各元素在内存中不一定是连续存放的。要找链表中的某一元素，必须先找到上一个元素，根据该元素提供的下一元素的地址才能找到下一个元素。所以，如果没有头指针（head），则整个链表都无法访问。另外，这种链表的数据结构必须利用指针变量才能实现，即一结点中应包含一个指针变量，用它存放下一结点的地址。

举例：假设结点中的数据信息只有一个整型成员，那么该结点的类型定义如下：

```
struct node
{
    int data;
struct node *next;
};
```

第一个成员 data 是数据域，第二个成员 next 是一个基类型为 struct node 类型的指针，即 next 是指向自身结构体类型的指针变量。

2. 链表注意事项

（1）链表与数组不同，在定义数组时必须定义数组的长度，也就是说，数组一旦被定义，那么它就含有固定个数的元素。链表则没有这种缺点，它根据需要开辟存储单元，在不需要时释放存储单元，就能合理地使用存储空间。

（2）定义了一个链表类型的结点，并未实际分配存储空间。只有定义了变量才分配内存单元。

（3）本书中利用指针变量构建链表，也可通过其他方式，请参考有关数据结构的教材。

三、链表的创建

1. 内存操作函数

建立动态链表是指在程序执行过程中从无到有地建立起一个链表，即逐个开辟结点和输入各结点数据，并建立起前后相链的关系。C 语言中提供以下的函数来实现对内存空间的申请和释放。

（1）malloc()函数。malloc()函数的表示形式如下：

```
void *malloc(unsigned int size);
```

它的功能是在内存的动态存储区中分配 size 个字节的连续空间，它的返回值是所分配的那一段空间的起始地址，若分配失败，则返回一个空指针（0）。

（2）calloc()函数。calloc() 函数的表示形式如下：

```
void *calloc(unsigned int n,unsigned int size);
```

它的功能是在内存的动态存储区中分配 n 个长度为 size 个字节的连续空间，它的返回值是指向所分配空间的起始地址，若分配失败，则返回一个空指针（0）。

（3）free()函数。free()函数的表示形式如下：

```
void free(void *p);
```

free()函数的功能是释放 p 所指向的内存区，该函数没有返回值。一般 p 是调用 malloc()函数或 calloc()函数的返回值。

2. 链表创建步骤

为了方便在链表上进行各种操作，一般在含有有效信息的所有结点之前再加一个"头结点"，头结点的数据域一般不包含任何信息，头结点只起到方便操作的目的。

建立单链表的主要步骤为：

（1）生成只含有头结点的空链表。

（2）读取数据信息，生成新结点，将数据存放于新结点中，插入新结点到单链表中。

（3）重复步骤 2，直到输入结束。

举例：在表尾插入结点生成单链表。

（1）生成头结点，让头指针 head 指向头结点，此时链表中有一个结点，当前它既是头结点，也是最后一个结点（尾结点），因此让尾指针 rear 也指向这个结点，如图 9-4（a）所示。

（2）接收输入的第一字符'a'，判断该字符的值非'0'，进入循环体。这时生成新结点 s，给 s->data 赋值为输入的字符的值，如图 9-4（b）所示。

（3）修改尾结点的指针域指向新结点，此时 s 是新的尾结点，所以修改 rear 指针指向 s 结点，如图 9-4（c）所示。

（4）读入字符'b'，此时仍然是生成新结点 s，s 的数据域赋值为'b'，插入 s 到表尾，修改 rear 指针，保持其指向尾结点，插入'b'后链表如图 9-4（d）所示。

（5）插入字符'c'；读入字符'0'，循环结束，将尾结点的指针域置为空。此时，单链表如图 9-4（e）所示。

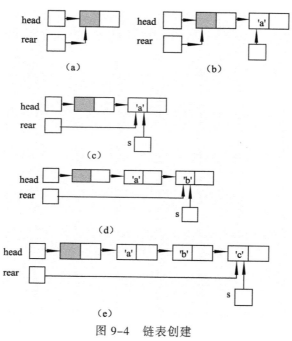

图 9-4 链表创建

3. 链表创建注意事项

（1）malloc()函数的返回值是一个空类型的指针，有的编译系统将其处理成 char 类型的指针，一般在使用该函数时，用强制类型转换将其转换为所需要的类型。如有定义：

```
struct node *pnode;
pnode=(struct node *)malloc(sizeof(struct node))
```

malloc(sizeof(struct node))的功能是分配一个 struct node 类型变量所占的内存空间，malloc 的返回值是空类型的指针，而指针变量 pnode 的基类型为 struct node 类型，因此需要在 malloc(sizeof(struct node))之前加上(struct node *)，进行强制类型转换，将 malloc()函数的返回值转换为指向 struct node 类型的指针。

（2）calloc()函数常用来为一维数组分配空间，其中 n 表示数组的长度，size 表示数组元素所占字节数。如有定义：

```
int *a;
```

那么,如下语句可实现为长度为 10 的一维整型数组申请空间,并且让 a 指向数组的首地址:

```
a=(int *)calloc(10,sizeof(int));
```

（3）也可以对 calloc 的返回值进行强制类型转换,转换为所需的类型。

四、链表的插入

在单向链表中插入结点,首先要确定插入的位置,插入结点在指针 p 所指的结点之前称为"前插结点",插入结点在指针 p 所指的结点之后称为"后插结点"。两种操作中各指针的指向如图 9-5 和图 9-6 所示。

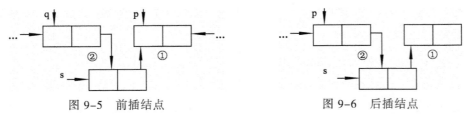

图 9-5　前插结点　　　　　　图 9-6　后插结点

在指定结点 p 之前插入新结点,除了使新结点的指针域指向 p 之外,还需要修改 p 的前驱结点的指针域指向新结点,因为单链表的结点中只有保存后继结点地址的指针域,所以插入到指定结点 p 之前,首先要找到 p 的前驱结点 q。那么,这时插入到 p 结点之前,就相当于插入到 q 结点之后。

五、链表的删除

为了删除单向链表中的某个结点,首先要找到待删除的结点的前驱结点（即当前要删除结点的前面一个结点）,然后将此前驱结点的指针域去指向待删除结点的后继结点（即当前要删除结点的下一个结点）,最后释放被删除结点所占的存储空间即可。删除结点如图 9-7 所示。

图 9-7　删除结点

删除结点后,一定要释放被删结点所占的空间。否则,该结点会成为游离的、不可再用的空间。

知识应用

（1）计算 30 名学生每个人的平均成绩。要求学生的各项信息由键盘输入,计算出平均成绩后输出。

分析：程序中实参 stu.score 是结构体变量的一个成员,是一维数组类型的,与形参数组 s 的类型是一致的。函数 average() 的返回值是数组元素的平均值,赋值给结构体变量的成员 ave。

```
#define N 3
#include <stdio.h>
/*学生基本信息类型*/
```

```
struct student
{
    int number;        /*学号*/
    char name[8];      /*姓名*/
    struct
    {
        int year;
        int month;
        int day;
    }birthday;         /*生日*/
    int score[3];      /*成绩*/
    float ave;         /*平均成绩*/
};
/*求平均成绩*/
float average(int s[],int n)
{
    int k;
    float sum=0;
    for(k=0;k<n;k++)
        sum+=s[k];     /*成绩求和*/
    return(sum/n);
}
main()
{
    struct student stu[N],*p;
    int j,k;
    printf("\n");
/*录入学生信息*/
    for(j=0;j<N;j++)
    {
        printf("he %d student",j);
        printf("number:");
        scanf("%d",&stu[j].number);
        printf("name:");
        scanf("%s",stu[j].name);
        //gets(stu[j].name);
        printf("birthday(year,month,day)");

    scanf("%d,%d,%d",&stu[j].birthday.year,&stu[j].birthday.month,&stu[j].
        birthday.day);
        printf("score(3):");
        for(k=0;k<3;k++)
            scanf("%d",&stu[j].score[k]);
        stu[j].ave=average(stu[j].score,3);
    }
    printf("\n");
/*输出学生信息*/
    for(p=stu;p<stu+N;p++)
    {
        printf("\n%6d",p->number);
```

```
        printf("%s",p->name);
        printf("%d,%d,%d",p->birthday.year,p->birthday.month,
            p->birthday.day);
        for(k=0;k<3;k++)
            printf("%6d",p->score[k]);
        printf("   ave:%.2f",p->ave);
    }
}
```

（2）有一个结构体变量 stu，内含学生学号、姓名和 3 门课的成绩。要求在 main()函数中赋值，在另一函数 print 中将它们打印输出。

分析： 在 main()函数中的 stu 定义为 struct student 类型变量，print()函数中的形参 stu 也定义为 struct student 类型变量。在 main()函数中对 stu 的各成员赋值。在调用 print()函数时以 stu 为实参向形参 stu 实行"值传递"。在 print()函数中输出的结构体变量 stu 各成员的值。

```
#include <string.h>
#include <stdio.h>
/*定义学生基本信息*/
struct student
{
  int num;            /*学号*/
  char name[20];      /*姓名*/
  float score[3];     /*成绩*/
};
main()
{
  void print(struct student);
  struct student stu;
  stu.num=12345;
  strcpy(stu.name, "Li Li");
  stu.score[0]=67.5;
  stu.score[1]=89;
  stu.score[2]=78.6;
  print(stu);
}
/*输出学生信息*/
void print(struct student stu)
{
  printf("%d\n%s\n%f\n%f\n%f\n",stu.num,stu.name,stu.score[0],stu.score
        [1],stu.score[2]);
printf("\n");
}
```

（3）若有一名职工的信息包含职工号、姓名、年龄和工资，写一程序将这名职工的工资增加 100 元。要求在函数 input()中输入职工的各项信息，在函数 process()中修改职工的工资，在函数 output()中输出职工的信息，在 main()函数中调用以上 3 个函数。

分析： 本程序中，作为实参的是结构体变量的地址，发生函数调用时，将结构体变量的地址赋值给形参指针，这样形参指针就指向了结构体变量 w，因此，各被调用函数中的各项操作的效果在主调函数中都能得到。

```c
#include <stdio.h>
/*定义员工信息类型*/
struct person
{
    int number;/*工号*/
    char name[8];/*姓名*/
    int age;/*年龄*/
    int wage;/*工资*/
};
/*输入员工基本信息*/
void input(struct person *p)
{
    printf("\nnumber:");
    scanf("%d",&p->number);
    printf("\nname:");
    scanf("%s",p->name);
    printf("\nage:");
    scanf("%d",&p->age);
    printf("\nwage:");
    scanf("%d",&p->wage);
    return;
}
/*工资增涨100*/
void process(struct person *p)
{
    p->wage=p->wage+100;
    return;
}
/*输出员工信息*/
void output(struct person *p)
{
    printf("\n%6d,%10s,%3d,%6d",p->number,p->name,p->age,p->wage);
    return;
}
main()
{
    struct person w;
    printf("\nplesae input the data:");
    input(&w);
    process(&w);
    printf("\nthe data is");
    output(&w);
}
```

（4）重新编写计算 30 名学生的平均成绩的程序。

```c
#define N 30
#include <stdio.h>
/*定义学生基本信息*/
struct student
{
    int number;/*学号*/
```

```c
    char name[8];/*姓名*/
    struct{
        int year;
        int month;
        int day;
    }birthday;/*生日*/
    int score[3];/*成绩*/
    float ave; /*平均成绩*/
};
/*输入学生基本信息*/
void input(struct student s[],int n)
{
    int j,k;
    for(j=0;j<N;j++)
    {
        printf("\nhe %d student",j);
        printf("\nnumber:");
        scanf("%d",&s[j].number);
        printf("\nname:");
        scanf ("%s",s[j].name);
        printf("\nbirthday(year,month,day):");
        scanf("%d,%d,%d",&s[j].birthday.year,&s[j].birthday.month,
            &s[j].birthday.day);
        printf("\nscore(3):");
        for(k=0;k<3;k++)
            scanf("%d",&s[j].score[k]);
    }
}
/*求学生平均成绩*/
void average(struct student s[],int n)
{
    int j,k;
    for(j=0;j<n;j++)
    {
        s[j].ave=0;
        for(k=0;k<3;k++)
        {
            s[j].ave+=s[j].score[k];
        }
        s[j].ave/=3;
    }
}
/*输出学生基本信息*/
void outputs(struct student s[],int n)
{
    struct student *p=s;
    int k;
    printf("\n");
    for(p=s;p<s+n;p++)
    {
```

```
        printf("\n%6d",p->number);
        printf("\n%10s",p->name);
        printf("%6d,%3d,%3d",p-> birthday.year, p->birthday.month, p->birthday.day);
        for(k=0;k<3;k++) printf("%6d",p->score[k]);
        printf("%10.2f",p->ave);
    }
}
main()
{
    struct student stu[N];
    input(stu,N);
    average(stu,N);
    outputs(stu,N);
}
```

任务实施

一、任务流程分解

流程描述：程序开始执行后，显示可以进行的链表操作，包括创建、插入、删除操作，根据不同的选择完成链表的不同操作，每次操作后显示完成后的链表信息，当选择 0 时表示退出操作。

（1）程序初始化分析：定义链表结构体类型，显示链表操作选项。

（2）数据录入分析：用户录入要完成的链表操作选项。

（3）数据处理分析。

当录入 1 时：进行链表录入操作，用户依此录入链表的值，程序判断当输入值 0 时表示录入结束。

当录入 2 时：进行链表插入操作，用户根据规则选择插入点的位置，程序自动搜索插入点并插入用户指定的值。

当录入 3 时：进行链表删除操作，用户录入要删除的链表的值，程序自动查找到值的位置并删除该值。

当录入 0 时：自动退出程序。

（4）输出结果分析：显示当前链表中的所有项。

二、代码实现

```
#define NULL 0
#include <stdio.h>
#include <stdlib.h>
struct node
{
    int data;
    struct node *next;
};
void output(struct node *head)        /*从头到尾输出链表*/
```

```
{
  struct node *p;
  printf("\nnow the linklist is:\n");
  p=head->next;
  while(p)
  {
      printf("%6d",p->data);          /*依此输出所有结点信息*/
      p=p->next;                      /*指向下一个结点*/
  }
  return;
}
struct node *creat1()
{
  struct node *head,*s,*rear;
  int c;
  head=(struct node*)malloc(sizeof(struct node));     /*生成头结点*/
  rear=head;                          /*尾指针指向最后一个结点*/
  scanf("%d",&c);                     /*读取数据*/
  while(c!=0)                         /*当读取数据未结束时，循环执行*/
  { s=(struct node *)malloc(sizeof(struct node));     /*生成新结点s*/
  s->data=c;                          /*读入的数据存放到s的数据域*/
  rear->next=s;                       /*将新结点s插入到表尾*/
  rear=s;                             /*修改尾指针rear指向当前的尾结点*/
  scanf("%d",&c);                     /*读入下一个数据*/
  }
  rear->next=NULL;                    /*将最后一个结点的指针域置为空*/
  return(head);                       /*返回头指针*/
}

struct node *insert(struct node *head,int u,int v)
{
  struct node *p,*q,*s;
  s=(struct node *)malloc(sizeof(struct node));       /*生成新结点s*/
  s->data=v;                          /*将v存放在新结点中*/
  q=head;p=head->next;                /*q指向头结点，p指向第一个结点*/
  while((p->data!=u)&&p->next)
      /*寻找值为u的结点，若表非空且未找到时循环*/
  { q=p;p=p->next;}
  /*寻找过程中保持p指向当前接点，q指向p的前驱结点*/
  s->next=p;q->next=s;                /*插入s结点到p之前*/
  return(head);                       /*返回头指针*/
}
struct node *delete(struct node *head,int u)
{
  struct node *p,*q;
  q=head;p=head->next;                /*q指向头结点，p指向第一个结点*/
  while(p&&(p->data!=u))
  {
      q=p;
      p=p->next;
```

```
        }
        /*查找值为 u 的结点 p，查找过程中 q 指向 p 的前驱结点*/
        if(p)
        {
            q->next=p->next;
            free(p);
        }
        /*若找到，修改 q 的指针域指向 p 的后继结点，释放 p*/
        else
        {
            printf("\nnot find!");
        }                    /*若未找到，输出相应的信息*/
        return(head);                    /*返回头指针*/
}
main()
{
    struct node *h;
    int a,b;
    int t;
    do{
        printf("\nplease select:");
        printf("\n1:creat");
        printf("\n2:insert");
        printf("\n3:delete");
        printf("\n0:exit");
        scanf("%d",&t);                  /*输入选择*/
        if(t==1)                         /*若选择 1，创建链表*/
        {
            printf("\nplease input data:");
            h=creat1();                  /*创建链表*/
            output(h);                   /*输出创建后的链表*/
        }
        else if(t==2)                    /*若选择 2，在链表中插入数据*/
        {
            printf("\nplease input data(insert b before a)a,b:");
            scanf("%d,%d",&a,&b);        /*输入插入位置的特征及待插入的数据*/
            h=insert(h,a,b);            /*进行插入*/
            output(h);                   /*输出插入后的链表*/
        }
        else if(t==3)                    /*若选择 3，在链表中删除数据*/
        {
            printf("\nplease input the data to delete:");
            scanf("%d",&a);              /*输入要删除的数据*/
            h=delete(h,a);              /*进行删除*/
            output(h);                   /*输出删除后的链表*/
        }
    }while(t!=0);
}
```

三、结果演示

程序结果演示如图 9-8 所示。

（a）

（b）

图 9-8　演示结果界面

任务 28　三色小球问题

任务描述

本任务设计完成一个的软件。实现如下功能：口袋中有红、黄、蓝、白、黑 5 种颜色的球若干个。每次从口袋中先后取出 3 个球，问得到 3 种不同色的球的可能取法，打印出每种排列的情况。

知识准备

一、枚举类型的定义

在实际问题中，有些变量的取值被限定在一个有限的范围内。例如，一个星期内只有 7 天，一年只有 12 个月，一个班每周有 6 门课程等。如果把这些量说明为整型、字符型或其它类型显然是不妥当的。为此，C 语言提供了一种称为"枚举"的类型。在"枚举"类型的定义中列举出所有可能的取值，被说明为该"枚举"类型的变量取值不能超过定义的范围。应该说明的是，枚举类型是一种基本数据类型，而不是一种构造类型，因为它不能再分解为任何基本类型。

1. 枚举类型定义的一般形式

```
enum 枚举类型名{ 枚举常量1，枚举常量2，……，枚举常量n};
```

在枚举值表中应罗列出所有可用值。这些值也称为枚举元素。

举例：定义表示月份、星期的类型。

```
enum months{jan,feb,mar,apr,may,jun,jul,aug,sep,oct,nov,dec};
enum week{sun,mon,tue,wed,thu,fri,sat}
```

2. 枚举类型定义的注意事项

（1）enum 是定义枚举类型的关键字，枚举类型名是用户定义的类型名，应符合标识符的命名规则。

（2）枚举常量是用户定义的标识符，它们是有值的，C 语言编译按定义时的顺序使它们的值为 0，1，2，……。如声明一枚举类型 weekday，可采用下述方式：

```
enum weekday{ sun,mon,tue,wed,thu,fri,sat };
```

其中，sun 的值为 0，mou 的值为 1，…，sat 的值为 6。

（3）也可以改变枚举常量的值，在定义时由程序员指定，如：

```
enum weekday{ sun=7,mon=1,tue,wed,thu,fri,sat };
```

定义 sun 为 7，mon=1，以后顺序加 1，sat 为 6。

二、枚举类型变量的定义和使用

1. 枚举类型变量的定义有 3 种方式

（1）用已定义的枚举类型去定义变量。

（2）在定义枚举类型的同时定义变量。

（3）对于方式 2 也可省略枚举类型名。

枚举类型变量的引用方式和普通变量一样，但枚举类型变量的取值范围只能是起枚举类型所枚举的各个常量，一般给枚举类型变量赋值为枚举常量。

举例：用 3 种方法定义枚举变量 w1,w2[3]。

方法一：enum week w1,w2[3];

方法二：enum week{sun,mon,tue,wed,thu,fri,sat}w1,w2[3];

方法三：enum{sun,mon,tue,wed,thu,fri,sat}w1,w2[3];

2. 枚举类型的定义和使用注意事项

（1）编译系统将枚举类型处理为整型，但整型和枚举类型之间不能相互赋值，若要赋值，需进行强制类型转换。例如：

```
w1=mon;
we[0]=(enum week)1;
```

都是合法的赋值方式。而

```
w[2]=3;
```

则不是合法的赋值方式。

（2）以比较枚举类型变量的大小，枚举变量的比较相当于比较它们所隐含的整数值。如

```
if(workday==mon) …
if(workday>sun) …
```

如：we[0]=mon;we[1]=sat;，则 we[0]<we[1]成立。

枚举类型变量的值是在该枚举类型中枚举的常量所代表的整数值范围内的，因此枚举变量可作为循环变量来控制循环。

知识应用

输出 12 个月份的英文单词。

```
enum months{jan=1,feb,mar,apr,may,jun,jul,aug,sep,oct,nov,dec};
main()
{
    enum months m;
    char *name[]={"January","February","March","April","May","June","July",
        "August","September","October","November","December"};
    for(m=jan;m<=dec;m++)
    {
        printf("\n%2d:%s",m,name[m-1]);
    }
}
```

任务实施

一、任务流程分解

流程描述：程序开始执行后，给自定义的小球颜色进行比较，输出所有可能出现的不同 3 种颜色小球搭配的可能结果。

（1）程序初始化分析：程序开始执行后，定义颜色枚举类型和枚举类型变量。

（2）数据录入分析：无。

（3）数据处理分析：设取出的球为 i、j、k。根据题意，i、j、k 分别是 5 种色球之一，并要求 i≠j≠k。可以用穷举法，看哪一组符合条件。

用 n 累计得到 3 种不同色球的次数。外循环使第一个球 i 从 red 变到 black。中循环使第二个球 j 也从 red 变到 black。如果 i 和 j 同色则不可取，只有 i、j 不同色（i≠j）时才需要继续找第 3 个球，此时第 3 个球 k 也有 5 种可能（red 到 black），但要求第三个球不能与第一个球或第二个球同色，即 k≠i，k≠j。满足此条件就得到 3 种不同色的球。

（4）输出结果分析：输出这种 3 色的组合方案，最后输出总数 n。

二、代码实现

```
#include <stdio.h>
main()
{
    enum  color {red,yellow,blue,white,black};
    enum  color  i,j,k,pri;
    int  n=0,loop;
    for (i=red;i<=black;i++)
        for(j=red;j<=black;j++)
            if(i!=j)
```

```
{
    for(k=red;k<=black;k++)
        if((k!=i)&&(k!=j))
        {
            n=n+1;
            printf("%-4d",n);
            for(loop=1;loop<=3;loop++)
            {
                switch(loop)
                {
                case 1:  pri=i; break;
                case 2:  pri=j; break;
                case 3:  pri=k; break;
                default: break;
                }
                switch (pri )
                {
                case red: printf("%-10s","red"); break;
                case yellow: printf("%-10s", "yellow");
                    break;
                case blue: printf("%-10s","blue"); break;
                case white: printf("%-10s","white"); break;
                case black: printf("%-10s","black"); break;
                default: break;
                }
            }
            printf ("\n");
        }
}
printf ("\nTotal: %5d\n",n);
}
```

三、结果演示

程序结果演示如图 9-9 所示。

图 9-9　演示结果界面

本 章 小 结

本章重点介绍了 C 语言中的两种构造数据类型，即结构体和共用体。它们是由若干个成员所构成，其成员可以具有不同的数据类型。

定义为结构体的结构，不分配存储空间；而结构体变量定义要分配内存空间，其空间的大小由成员共同决定。指向结构体数组的指针加 1、减 1 运算，使指针移动一个结构体所具有的总字节数，即指向下一个或上一个结构体数组的元素。

共用体可以看作是一种特殊形式的结构体，其变量所占用内存空间的大小取决于其成员中占用内存空间最大的那个成员；在任何时候只能有一个共用体成员占据共用体变量空间，也就是说，在给共用体变量的成员赋值时，某一时间内只能给一个成员赋值。

枚举类型是 C 语言提供的一种数据类型，其类型说明和变量定义类似于结构体。其差别是枚举变量间用逗号分隔，枚举常量的值一般依说明的顺序从 0 开始递增，除非某个枚举常量有初始化赋值，其后的值依次递增。

链表是一种动态数据存储分配的数据结构。链表的基本元素是结点，一个结点包括数据域和指针域，结点的说明是在结构体中定义一个指向自身的结构体指针。链表的操作主要有链表的建立、查找、插入与删除。

要求读者掌握结构体和共用体的定义方式，以及结构体和共用体变量的引用和初始化方法，同时要了解结构体变量和共用体变量的内存存储空间大小的差别，并注意结构体与共用体概念上的差别。对于链表，要求掌握链表的建立方式，以及链表的插入、删除等基本操作。

练 习 题

一、选择题

1. 下列程序中结构体变量 a 所占内存字节数是_____。

```
union U
{  char st[4];
   int i;
   long l;
};
struct A
{  int c;
   union U u;
}a;
```

　　A. 4　　　　　　　　B. 5　　　　　　　　C. 6　　　　　　　　D. 8

2. 设有以下说明语句：

```
struct ex
{ int x;float y;char z;}example;
```

则下面的叙述中不正确的是_____。

    A.　struct 是结构体类型的关键字　　　B.　example 是结构体类型名

    C.　x、y、z 都是结构体成员名　　　D.　struct ex 结构体类型名

3. 已知：

```
union
{ int i;
  char c;
  float a;
}test;
```

则 sizeof(test)的值是_____。

    A.　4　　　　　　B.　5　　　　　　C.　6　　　　　　D.　7

4. 若有下面的说明和定义：

```
struct test
{ int m1;char m2;float m3;
  union uu{ char u1[5];int u2[2];}ua;
}myaa;
```

则 sizeof(struct test)的值是_____。

    A.　12　　　　　　B.　16　　　　　　C.　14　　　　　　D.　9

5. 下列对 C 语言中共用体类型数据的正确叙述是_____。

    A.　一旦定义了一个共用体变量后，即可引用该变量或该变量中的任意成员

    B.　一个共用体变量中可以同时存放其所有成员

    C.　一个共用体变量中不能同时存放其所有成员

    D.　共用体类型数据可以出现在结构体类型定义中，但结构体类型数据不能出现在
       联合类型定义中

6. 在 16 位的 PC 上使用 C 语言，若有如下定义：

```
struct data
{ int i;
  char ch;
  double f;
}b;
```

则结构体变量 b 占用内存的字节数是_____。

    A.　1　　　　　　B.　2　　　　　　C.　8　　　　　　D.　11

7. 设有以下说明和定义语句，则下面表达式中值为 3 的是_____。

```
struct s
{
  int i;
  struct s *i2;
};
  static struct s a[3]={1,&a[1],2,&a[2],3,&a[0]};
  static struct s *ptr;
  ptr=&a[1];
```

    A.　ptr->i++　　　　B.　ptr++ ->i　　　　C.　*ptr->i　　　　D.　++ptr->i

8. 以下对结构体变量 stu1 中成员 age 的非法引用是_____。

```
struct student
{ int age;
```

```
    int num;
}stu1,*p;
  p=&stu1;
```

  A. stu1.age   B. student.age   C. p->age   D. (*p).age

二、填空题

1. 设有以下结构类型说明和变量定义，则变量a在内存中所占的字节数是_____。

```
struct stud
{ char num[6];
  int s[4];
  double ave;
}a;
```

2. 设有以下语句：

```
struct st { int n; struct st *next;};
static struct st a[3]={5,&a[1],6,&a[2],9,'\0'},*p;
p=&a[0];
```

则表达式_____的值是6。

3. 已知形成链表的存储结构如下所示，请填空。

```
struct link
{ char data;
    _____;
}node;
```

4. 以下函数 creat()用来建立一个带头结点的单向链表，新产生的结点总是插在链表的末尾，结点数据域中的数值从键盘输入，以字符"?"作为输入结束标志。单向链表的头指针作为函数值返回。请填空。

```
#include <stdio.h>
struct list
{ char data;
struct list *next;
};
struct list *creat()
{ struct list *h,*p,*q;
char ch;
h=_____malloc(sizeof(_____));
p=q=h;
ch=getchar();
while(ch!= '? ')
{
p=_____malloc(sizeof(_____));
p->data=ch;
 q->next=p;
q=p;
ch=getchar();
}
p->next= '\0';
return_____;
}
```

三、编程题

1. 编写一个函数 print()，打印一个学生的成绩数组，该数组中有 5 个学生的数据记录，每个记录包括 num、name、score[3]，用主函数输入这些记录，用 print() 函数输出这些记录。

2. 某单位对职工进行专业考核，成绩以百分制记录，60 分以下为不及格，请编写程序，输出所有及格职工的考号、姓名、成绩及所有不及格职工的考号、姓名。

第 10 章

文 件

前面各章分别介绍了 C 语言的基本组成部分,这些基本成分都是为数据处理服务的,而数据的输出和输入都是以终端为对象的,即从键盘输入数据,运行结果输出到终端显示器上。实际应用中,常常需要将一些数据(运行的最终结果或中间数据)输出到磁盘上存放起来,以后需要时再从磁盘中输入到计算机内存中。这就要用到磁盘文件。

文件是程序设计中一个重要的概念,所谓文件,一般指存储在计算机外部介质上的一组相关数据的集合。一般可分为程序文件和数据文件。程序文件由若干个指令语句信息组成,数据文件则是程序操作的一些数值和文字。

任务 29　文件信息统计

任务描述

某文件内有单词若干个,要求制作一个软件,能读取文件内容信息,并统计出该文件中包含多少个单词。

知识准备

一、C 文件概述

1. 数据文件存储形式

数据文件在磁盘上有两种存储方式:一种是按 ASCII 码存储,称为 ASCII 码文件;一种是按二进制码存储,称为二进制文件。

(1)ASCII 码文件

ASCII 码文件(又称文本文件),它的每一个字节存放一个 ASCII 代码,代表一个字符,便于字符的输入和输出处理,但占用存储空间较大。如果有一个整数 10000,在内存中占 2 个字节,按 ASCII 码形式输出,则占 5 个字节。

(2)二进制文件

二进制文件是把内存中的数据按其在内存中的存储形式原样输出到磁盘上存放,一个字节并不对应一个字符,但占用存储空间较小。将在内存中占 2 个字节的一个整数 10000 按二进制输出，在磁盘上只占 2 个字节，如图 10-1 所示。

图 10-1　文件存储形式

2. 流式文件

一个 C 文件是一个字节流或二进制流，它把数据看作是一连串的字符（字节），而不考虑记录的界限。在 C 语言中对文件的存取是以字符（字节）为单位的。输入/输出的数据流的开始和结束仅受程序控制而不受物理符号（如回车换行符）控制。我们把这种文件称为流式文件。

3. 文件的处理方法

不同的 C 语言版本对文件的处理一般有两种方法：缓冲文件系统和非缓冲文件系统。

（1）缓冲文件。缓冲文件系统是指系统自动在内存区为每一个正在使用的文件开辟一个缓冲区。从内存向磁盘写文件时必须先写入缓冲区，装满缓冲区后才一起写到磁盘上去；从磁盘读文件时必须先将一批数据读到缓冲区（充满缓冲区），然后再从缓冲区将数据逐个送到程序数据区，把用缓冲文件系统进行的输入/输出称为高级磁盘输入/输出。缓冲区的大小由各个具体的 C 版本确定，一般为 512 B。

（2）非缓冲文件。非缓冲文件是指系统不能自动开辟确定大小的缓冲区，则由程序本身根据需要设定。用非缓冲文件系统进行的输入/输出称为低级（低层）的输入/输出。

4. 文件形式

C 语言是通过名为 FILE 的结构型指针来管理文件读写（即存取）的。该结构型的定义在 <stdio.h> 头文件中，形式如下：

```
typedef struct
{
  int  _fd;                  /*文件代号*/
  int  _cleft;               /*文件缓冲区所剩字节数*/
  int  _mode;                /*文件使用模式*/
  char *nextc;               /*下一个等待处理的字节地址，即该文件内部指针*/
  char *buff;                /*文件缓冲区首地址*/
}FILE;
```

其中大写的 FILE 是用 typedef 自定义的结构类型名。用 FILE 说明的指针变量定义如下：

```
FILE  *<变量名>;
```

例如：

```
FILE  *fp;
```

fp 为一个指向 FILE 类型结构的指针变量。通过该变量中的文件信息访问该文件。

二、文件的打开

1. 文件打开的一般形式

文件的打开函数 fopen( ) 一般调用形式如下：

```
FILE *fp;
fp=fopen(文件名,使用文件方式)
```

例如：

```
FILE *fp; fp=fopen(name,"wb+");
```

函数功能：返回一个指向 FILE 类型的指针。

2. 常用的文件使用方式

常用的文件使用方式及其含义如表 10-1 所示。

表 10-1　文件使用方式说明

标识符	含　　义	标识符	含　　义
r	打开一个 ASCII 码文件只读	r+	打开一个 ASCII 码文件读/写
w	创建一个 ASCII 码文件只写	w+	创建一个 ASCII 码文件读/写
a	打开一个 ASCII 码文件追加	a+	打开一个 ASCII 码文件读/写
rb	打开一个二进制文件只读	rb+	打开一个二进制文件读/写
wb	创建一个二进制文件只写	wb+	创建一个二进制文件读/写
ab	打开一个二进制文件追加	ab+	打开一个二进制文件读/写

3. 文件打开流程

（1）定义文件指针变量。

（2）定义存放文件名的字符型数组或指针变量。

（3）输入文件名。

（4）使文件指针变量指向该文件，也就是打开文件。只有成功打开了某一文件，才能对其操作。

4. 文件打开注意事项

（1）文件名用来指定所要打开（或新建）的文件。给文件名变量赋值或书写文件名字符串时，应注意文件包括盘符和路径。路径的分隔符要加上转义字符"\"，例如，"c:\\data\\… " 是正确的。如果被打开的文件在当前盘当前目录下，则盘符和路径可以省略。若是由键盘输入文件名，文件名的输入方式与 DOS 中的路径名相同，只用一个\即可，不用两个"\\"指出，且只能在已有文件夹下建立该文件，不能创建文件夹。而在 fopen( )中，给出已有文件名时应该在路径的分隔符中加上转义字符。

（2）使用文件方式指定文件的使用意图，即读或写等方式。

（3）若函数调用成功，函数返回一个 FILE 类型的指针，赋给文件指针变量，从而把指针与文件联系在一起，也就是说，如果调用成功，指针就指向了文件。如果打开文件时出现错误，fopen()函数将返回一个 NULL 值。

（4）常用下面的方法打开一个文件：

```
if((fp=fopen("file","r"))==NULL)
```

```
{
    printf(" can not open this file\n" );
exit(0);
}
```

即先检查打开是否出错，如果有错就输出 "can not open this file"。

（5）对文件使用方式的理解。

在打开方式 r、w、a 后加一个 b 表示可对二进制文件进行读写操作。

在打开方式 r、w、a 后加一个+表示可对文本文件和二进制文件进行读写操作。

当用 " w " 方式打开一个文件时，若已存在与该文件名相同的文件，则它会被覆盖，重建一个新文件；若不存在该文件，则新建一个用该文件名命名的文件。

当用"r"方式或"a"方式打开一个文件时，该文件必须存在，否则会返回一个出错信息。

三、文件关闭

1.　文件打开的一般形式

fclose(<文件指针变量>)

例如：

fclose(fp1);

功能：使文件指针变量不再指向该文件，也就是文件指针变量与文件 "脱离关系"，此后不能再通过该指针对其相连的文件进行读写操作，除非再次打开，使该指针变量重新指向该文件。当成功地执行了关闭操作时，函数返回 0，否则返回非 0。

2.　文件关闭的注意事项

（1）关闭文件的原因：在向文件写数据时，是先将数据送到缓冲区，待缓冲区充满后才正式输出给文件。如果当数据未充满缓冲区而程序结束运行，就会将缓冲区中的数据丢失。为了避免这个问题，当文件使用完毕，就要及时用 close() 函数关闭文件，这样缓冲区中的数据就输出到磁盘文件，然后才释放文件指针变量，使文件指针和文件分离，同时防止误用该指针对原来与之相连的文件进行操作。

（2）文件操作的步骤。

① 定义文件指针变量。

② 定义存放文件名的字符型数组或指针变量。

③ 输入文件名。

④ 使文件指针变量指向该文件，也就是打开（创建）文件，只有成功的打开（创建）了某一文件，才能对其操作。

⑤ 及时关闭文件，使文件指文件指针变量与文件脱离，并保存对文件的操作。

四、文件字符读取

1.　读文件字符函数 fgetc( )

读文件字符函数 fgetc( )的调用形式如下：

ch=fgetc(fp);

fgetc()函数的作用是从指定的文件读入一个字符，该文件必须是以读或读写方式打开的。其中 fp 为文件型指针变量，ch 为字符变量。

2. 写文件字符函数 fputc( )

写文件字符函数 fputc( )的调用形式如下：

```
fputc(ch,fp);
```

fputc(ch,fp)函数的作用是将字符（ch 的值）输出到 fp 所指向的文件中去。其中 ch 是要输出的字符，它可以是一个字符常量，也可以是一个字符变量。fp 是文件指针变量，fp 指向的文件已经以写或读写方式打开。

3. 文件字符读取注意事项

（1）在向文件写入或读出字符时，首先要判断文件是否正确打开，然后应用 fgetc( )、fputc( )对文件进行读和写操作，并将相应字符在显示器上输出，以判断对错。

（2）如果在执行 fgetc()和 fputc()读和写字符时遇到文件结束符，函数返回一个文件结束标志 EOF，EOF 在 stdio.h 中定义为–1。如果把一个指定的磁盘文件从头到尾按顺序读入并在屏幕上显示出来，可以用如下程序段实现：

```
while((ch=fgetc(fp))!=EOF)
putchar(ch);
```

（3）ANSI C 提供一个 feof()函数来判断文件是否真的结束。feof(fp)用来测试 fp 所指向的文件当前状态是否"文件结束"。如果是文件结束，函数 feof(fp)的值为 1（真），否则为 0（假）。如果把一个指定的二进制文件从头到尾按顺序读入并在屏幕上显示出来，可以用如下程序段实现：

```
while(!feof(fp))
putchar(fgetc(fp));
```

知识应用

（1）以只读方式打开一个指定名为"AAA.TXT"的 ASCII 码文件，若该文件不存在，输出"can not open this file"，若打开成功，输出"success"。

分析：

① 定义文件指针变量 fp，通过 fp 打开文件。

② 通过判断条件（打开该文件是否成功）决定输出"can not open this file"或者是"success"。

③ 使用 exit()函数关闭所有文件，终止正调用的过程，待程序员检查出错误，修改后再运行。使用 exit()时，应在程序中加入头文件"process.h"。

```
#include <stdio.h>
#include <process.h>
main()
{
  FILE *fp;
  /*文件只读形式打开*/
  if((fp=fopen("AAA.TXT","r"))==NULL)
    printf("can not open this file\n");
  else
    printf("success");
  exit(1);
}
```

（2）以只读方式打开一个指定名为"AAA.TXT"的 ASCII 码文件，若该文件不存在，返回"can not open file"加以提示，然后关闭。

分析：

① 定义文件指针变量 fp。

② 通过判断，确定打开该文件是否成功。

③ 完成后关闭文件。

```
#include<stdio.h>
main()
{
  FILE *fp;
  /*只读打开文件*/
  if((fp=fopen("AAA.TXT","r"))= =NULL)
     printf("cannot open file\n");
  /*关闭文件*/
  fclose(fp);
}
```

（3）从键盘输入一些字符，逐个把它们送到磁盘上去，直到输入一个"#"为止。

分析：

① 文件名由键盘输入，赋给字符数组 filename。

② 输入要写入该磁盘文件的字符"computer"，"#"是表示输入结束。

③ 将输入的字符写到磁盘文件中，并在屏幕上显示这些字符。

```
#include <stdio.h>
main()
{
  FILE *fp;
  char ch,filename[10];
  scanf("%s",filename);                   /*输入文件名字*/
  if((fp=fopen(filename,"w"))==NULL)      /*写方式打开文件*/
  {
     printf("cannot open this file\n");
     exit(0);
  }
  ch=getchar();                           /*用来接收在执行scanf语句时最后输入的回车符*/
  ch=getchar();                           /*接收输入的第一个字符*/
  while(ch!='#')
  {
     fputc(ch,fp);                        /*将字符写入到文件*/
     putchar(ch);
     ch=getchar();                        /*输入一个字符*/
  }
  fclose(fp);                             /*关闭文件*/
}
```

任务实施

一、任务流程分解

流程描述：在命令行环境下输入程序名文件名，程序开始执行后，程序会自动读取文件名对应的文件信息，并计数所有的单词数；当文件读取结束时，给用户统计所读取的文件中单词数为多少。

（1）程序初始化分析：定义文件指针，字符存储变量，特殊符号计数，单词计数。

（2）数据录入分析：用户录入要统计单词数的文件。

（3）数据处理分析：使用 fgetc(fp)函数，每次从文件中读出一个字符判断，直到文件末尾为止；

通过判断当前的字母如果是空格、换行、跳格符，则单词的个数增加 1。

（4）输出结果分析：显示单词的统计结果。

二、代码实现

```c
#include <stdio.h>
main()
{
  FILE *fp;
  char ch;
  int white=1;              /*white 用于空格、换行、回车符*/
  int count=0;              /*count 单词个数变量*/
  /*打开文件*/
  if((fp=fopen("e:\\test.txt","r"))==NULL)
      printf("不能打开文件: %s.","e:\\test.txt");
  /*按字符读取文件:逐次判断文件中包含的代表间隔的特殊符号*/
  while((ch=fgetc(fp))!=EOF)
  {
    switch(ch)
    {
    case ' ':                /*空格*/
    case '\t':               /*换行*/
    case '\n':               /*回车*/
      white++;
      break;
    default:
      if(white)
      {
        white=0;
        count++;
      }
    }
  }
  /*关闭文件*/
  fclose(fp);
  printf("文件%s 中包含 %d 个单词.","e:\\test.txt",count);
}
```

三、结果演示

程序结果演示如图 10-2 所示。

文件e:\test.txt 中包含 11 个单词.
Press any key to continue

图 10-2　演示结果界面

任务 30　系 统 日 志

任务描述

设计某系统的登录信息记录模块，用户登录系统时自动记录该用户的登录时间，当管理员登录时，要求管理员输入自己的登录密码，验证通过后，可以查看到这一时刻系统的所有用户登录信息。

知识准备

一、数据块读写函数

1. 数据块写函数 fwrite( )

fwrite( )函数一般形式如下：

```
fwrite(buffer,size,count,fp);
```
功能：将 buffer 指向的内存中的 count×size 个字节内容写入到 fp 指定的文件中。函数返回值为 count 的值，即写入到文件的数据项个数。

2. 数据块读函数 fread( )

fread( )函数的一般形式如下：

```
fread(buffer,size,count,fp);
```
功能：从 fp 指向的文件中读取 count 个 size 个字节大小的数据块，存放到 buffer 指定的内存中。如果 fread 调用成功，则函数返回值为 count 的值，即读入数据项的完整个数，如果遇到文件结束或出错则返回 0。

3. 数据块读写函数中各项参数说明

（1）buffer：是一个指针。对 fread()来说，它是读入数据的存放地址。对 fwrite()来说，是要输出数据的地址。

（2）size：要读写的字节数。

（3）count：要进行读写多少个 size 字节的数据项。

（4）fp：文件型指针。

4. 数据块读写函数注意事项

利用 fread( )函数和 fwrite( )函数可实现文件的随机读写，但在进行随机读写操作时，一定要注意文件的位置指针。只有将其调整到将要读写的位置时，才称为真正的随机读写。

二、格式化读写函数

1. 格式输出函数 fprintf( )

格式输出函数 fprintf( )的一般格式如下：

```
fprintf(文件指针,格式字符串,输出表列)
```
例如：

```
fprintf(fp,"%d,%6.2f",i,f);
```

即将整型变量 i 和实型变量 f 的值按%d 和%6.2f 的格式输出到 fp 指向的文件中。如果已知 i 的值为 3，f 的值为 4.5，则输出到磁盘文件上的是以下的字符串：

```
3, 4.50（注意普通字符也会原样输出到文件中）
```

功能：按格式对文件进行写入操作。fprintf()函数与 printf()函数作用相仿，都是格式化写函数。只有一点不同：fprintf( )所写对象不是终端而是磁盘文件。

2. 格式输入函数 fscanf( )

fscanf( )函数的一般形式如下：

```
fscanf(<文件指针变量>,<格式控制串>,<参数表列>)
```

功能：按格式对文件进行读操作。

用 fscanf( )函数可以从磁盘文件上读入 ASCII 字符：fscanf(fp,"%d,%f",&i,&t)；，磁盘文件上如果有以下字符：

```
3,4.5
```

则将磁盘文件中的数据 3 送给变量 i，4.5 送给变量 t。

3. 格式化读写函数注意事项

fprintf()函数和 fscanf()函数可以实现对文件的按格式读写操作，使用方便，易于理解，但在输入时要将 ASCII 码转换为二进制形式，在输出时又要将二进制形式转换成字符，花费时间比较多，不提倡使用。

三、字读写函数

1. 字读函数 getw()

getw()函数的格式为：

```
getw(fp);
```

功能：是从 fp 指向的文件中读取一个字，如果文件结束或出错则返回-1。例如：

```
i=getw(fp);
```

其作用是从磁盘文件读取一个整数到内存，赋给整型变量 i。

2. 字写函数 putw()

putw()函数的格式为：

```
putw(i,fp)
```

功能：将 i 的值输出到 fp 指向的文件中去。例如：

```
putw(10,fp);
```

四、字符串读写函数

1. 字符串读函数 fputs()

fgets()函数的格式为：

```
fgets(str,n,fp);
```

功能：从指定的磁盘文件中读入一个字符串。

2. 字符串写函数 fgets()

fputs()函数的格式为：

```
fputs(str,fp);
```

功能：把一个字符串写到指定的磁盘文件中。

3. 字符串读写函数注意事项

（1）使用 fgets()函数从一个文件中读字符串时，函数只能从 fp 指向的文件输入 n-1 个字符，然后在最后加一个'\0'字符，因此得到的字符串共有 n 个字符。如果在读完 n-1 个字符之前遇到换行符或 EOF，读入即结束。

（2）使用 fputs()函数将字符串输出到文件时，字符串末尾的'\0'不输出。若输出成功，函数值为 0；失败时为 EOF。

五、文件的定位

1. 设置文件指针位置函数 fseek()

fseek( )函数的一般形式如下：

```
fseek(文件类型指针,位移量,起始点)
```

功能：用于移动文件位置指针，即强制使位置指针指向其他指定的位置。例如：

```
fseek(fp,128L,0);          /*文件位置指针向前移到距文件头 128 字节*/
```

"起始点"为 0 代表"文件开始"，1 为"当前位置"，2 为"文件末尾"，如表 10-2 所示。

表 10-2　起始点说明

起　始　点	名　　字	用数字代表
文件开始	SEEK_SET	0
文件当前位置	SEEK_CUR	1
文件末尾	SEEK_END	2

"位置量"指以"起始点"为基点，向前移动的字节数。

2. 重新指向函数 rewind()

rewind()函数的一般形式如下：

```
rewind(fp);
```

功能：将文件位置指针重新设置到文件的开头。

3. 文件当前位置函数 ftell()

ftell()函数的一般形式如下：

```
ftell(文件类型指针);
```

功能：返回文件的当前读写位置，并且相对于文件头的位移量来表示。

ftell()函数返回值为-1L 时，表示出错（如文件不存在或指定流为终端）。

例如：

```
if((i=ftell(fp)==-1L)
  printf("FILE error!\n");
```

4. 文件定位注意事项

（1）fseek()函数一般用于二进制文件，因为文本文件将进行字符转换，计算位置时往往会发生混乱。

（2）执行 rewind()函数，使文件的位置指针重新定位于文件开头，并使 feof()函数的值恢复为 0（假）。

（3）ftell()函数仅对流式文件有效，对 ASCII 文本文件往往会出错。

六、出错检测函数

1. 文件读写检查函数 ferror()

ferror()函数的一般格式如下：

ferror(文件类型指针);

功能：检查文件读写操作是否出错。

若 ferror()函数的返回值为 0（假），表示未出错；否则，表示出错。例如：

```
fputc(ch,fp);
if(ferror(fp))
{
    puts("write file error!\n");
    exit(0);
}
```

2. 消除错误标识函数 clearerr()

clearerr()函数的一般格式如下：

clearerr(文件类型指针);

功能：消除 ferror()函数的错误标志。

在出现读写操作错误时，ferror()函数的返回值为一个非零值。在调用 clearerr()函数后，ferror()函数的值变成 0。

3. 出错检测函数注意事项

（1）对同一文件的一次读写操作，均产生一个新的 ferror()函数值。所以，每次读写操作后，应立即检查 ferror()函数的值；否则就会发生下一次读写操作后的 ferror()函数的值覆盖了前一次读写操作后的 ferror()函数的值，而不能及时发现错误。

（2）若出现读写操作错误标志，如果不改变它，将会一直保留下去，直到对同一文件调用 clearerr()函数或 rewind()函数，或任一其他的读写操作函数。

知识应用

（1）建立一个二进制文件，写入一组学生姓名和成绩，然后从文件中读出这些数据并显示。

分析：

① 定义一个结构体 student 和一个结构体数组 stud，对其进行初始化。

② 使用 fwrite()函数向 fp 所指文件中每次写入字节数为 12（sizeof(struct student)）的 1 个数据块，数据块在内存中存放地址为&stud[i]，并判断每次写入的数据块是否为 1。

③ 使用 fread()函数从 fp 所指向的文件中每次读出 12 字节长度的 1 个数据块，存在地址&stud[i]。

```
#include <stdio.h>
main()
{
    FILE *fp;/*定义文件指针*/
    struct student
    {
        char name[10];
        int score;
```

```
    }
    stud[]={{"zhangwei",66},{"liping",77},{"sunbin",88},{"wangjuns",90},{"
        tianxin",78}};
    int i;
/*文件打开*/
    if((fp=fopen("ex10_2_1.dat","wb"))==NULL)
    {
        printf("can not open this file!");
        exit(0);
    }
/*结构体信息写入文件*/
    for(i=0;i<5;i++)
    {
        if(fwrite(&stud[i],sizeof(struct student),1,fp)!=1)
        {
            puts("write file error.");
            exit(0);
        }
    }
    fclose(fp);/*文件关闭*/
    if((fp=fopen("ex10_2_1.dat","rb"))==NULL)
    {
        printf("can not open this file!");
        exit(0);
    }
    printf("xing ming     chengji\n");
    printf("--------------------------------\n");
/*显示文件中信息*/
    for(i=0;i<5;i++)
    {
        if(fread(&stud[i],sizeof(struct student),1,fp)!=1)
        {
            puts("read file error.");
            exit(0);
        }
        else
        {
            printf("%s    %d\n",stud[i].name,stud[i].score);
        }
    }
    fclose(fp);
}
```

（2）将一个字符串"afile"和一整数 100 写入文件 bbb.txt 中。

分析：本案例实现将一个字符串和一个整数写入文件的功能，其中 fprintf(fp,"afile %d ",100); 是主要语句，由此语句实现写入功能。

```
#include <stdio.h>
#include <process.h>
FILE *fp;                /*定义文件指针*/
main()
{
    if((fp=fopen("bbb.txt","wb"))==NULL)
```

```
    {
        printf("不能创建该文件\n");
        exit(1);
    }
    fprintf(fp,"afileV%d",100);    /*将 a file 字符和 100 按格式写入文件中*/
    fclose(fp);                    /*关闭文件*/
}
```

（3）将知识应用（2）的文件 bbb.txt 中的字符与数值读出。

分析： 在 bbb.txt 中写入了一个字符串和一个数值，本例使用 fscanf(stream,"%6s",a); 和 fscanf(stream,"%d",&b); 两条语句将其输出并赋值给指针变量 a 和变量 b。

```
#include <stdio.h>
#include <process.h>
FILE *stream;
main()
{
    char *a;
    int b;
    float c;
    a="    ";
    if(!(stream=fopen("bbb.txt","rb")))/*文件读入信息流*/
    {
        printf("cannot open file\n");
        exit(1);
    }
    fscanf(stream,"%5s",a);
    fscanf(stream,"%d",&b);
    printf("%s %d\n",a,b);
    fclose(stream);
}
```

（4）在磁盘文件上存有 10 个学生的数据。要求将第 1、3、5、7、9 个学生的数据输入计算机，并在屏幕上显示出来。

分析：

① 由于此题是按照 1、3、5、7、9 的顺序将学生数据输入到计算机，在使用循环时，循环变量 i 的值每次要增加 2。

② 使用 fseek() 函数实现文件指针的定位，其位移量用 sizeof(struct student_type) 来表示，由于每次要移到 i 个这样的位移，所以此处应表示为 i* sizeof(struct student_type)。

```
#include <stdio.h>
struct student_type
{
    char name[10];
    int num;
    int age;
    char sex;
}stud[10];
main()
{
    int i;
    FILE *fp;
    if((fp=fopen("stud_dat","rb"))==NULL)
```

```
    {
        printf("can not open this file\n");
        exit(0);
    }
    for(i=0;i<10;i+=2)
    {
        fseek(fp,i*sizeof(struct student_type),0);/*文件定位*/
        fread(&stud[i],sizeof(struct student_type),1,fp);/*文件读取*/
        printf("%s %d %d %c\n",stud[i].name,stud[i].num,stud[i].age,stud[i].
            sex);
    }
    fclose(fp);
}
```

（5）编一程序，从键盘输入 20 个整数，并存入 b1.dat 文件中

分析：

① 定义一个整型数组保存 20 个整数。

② 通过使用 fwrite()函数向文件中写入数据，由于数组 data 定义为 int 类型，其中读写的字节数为 2，要进行读写 20 个 2 字节的数据项。

```
#include <stdio.h>
main()
{
    FILE *fp;
    int data[20],i;
/*信息录入*/
    for(i=0;i<20;i++)
    {
        scanf("%d",&data[i]);
    }
/*文件打开*/
    if((fp=fopen("b1.dat",";w+"))==NULL)
    {
        printf("can not open file b1.dat!");
    }
    else
    {
        fwrite(data,2,20,fp);/*信息写入文件*/
    }
    fclose(fp);
}
```

（6）从文件 stu_list 中读出指定学号的学生记录，显示在屏幕上，提示用户是否需要修改，若用户提示修改则与用户输入新内容并写入到原文件中去相同。假定学生记录按学号从小到大排序，学生学号范围为 1～20。

分析：

① 通过输入学生的学号来查找学生的信息，用变量 i 来保存学号，使用 fseek()函数来移动文件指针，其位移量表示为(i-1)*sizeof(struct student)。

② 当读出某学生的信息后，若要进行修改，则需输入大写或小写的 y 才可以进行修改，通过使用 fwrite()函数来修改文件中的内容。

```
#include <stdio.h>
```

```
struct student
{
    char name[10];
    int num;
    int age;
    int mark;
}stu;
main()
{
    int i;
    char ch;
    FILE *fp;
    /*文件打开*/
    if((fp=fopen("stu_list","rb+"))==NULL)
    {
        printf("\ncannot open file\n");
        exit(0);
    }
    printf("\nplease input student_id:");
    scanf("%d",&i);/*录入学生学号*/
    while(i<=20&&i>0)
    {
        fseek(fp,(i-1)*sizeof(struct student),0);   /*学生信息定位*/
        fread(&stu,sizeof(struct student),1,fp);    /*读出学生信息*/
        printf("%10s%6d%6d%6d",stu.name,stu.num,stu.age,stu.mark);
        printf("\nChang or not?(y/n)");
        flushall();                                 /*清空输入输出缓冲区*/
        scanf("%c",&ch);
        /*学生信息修改*/
        if(ch=='Y'||ch=='y')
        {
            printf("\nPlease input new data:\n");
            scanf("%s%d%d%d",stu.name,&stu.num,&stu.age,&stu.mark);
        }
        fseek(fp,(i-1)*sizeof(struct student),0);
        fwrite(&stu,sizeof(struct student),1,fp);
        printf("\nplease input next student:");
        scanf("%d",&i);
    }
    fclose(fp);
}
```

任务实施

一、任务流程分解

流程描述：某系统，自动记录每一个用户登录的时间，程序运行后，如果普通用户登录记录其登录则时间；当管理员用户登录时，要通过密码验证管理员的合法性，记录其登录时间，并显示当前时刻所有用户的登录时间。

（1）程序初始化分析：定义用户名、密码、登录时间等存储变量。

（2）数据录入分析：用户录入自己的用户名。

（3）数据处理分析。

普通用户登录时，调用文件写入函数，将用户登录信息写入系统日志文件中。

管理员登录时，验证管理员密码是否正确，如果正确将管理员登录信息写入系统日志文件中，并读取整个系统日志文件中的信息。

（4）输出结果分析：（管理员）查看所有用户登录日志。

二、知识扩展

1. 内存初始化

使用方式：

```
void *memset(void *s, int ch, size_t n);
```

说明：将 s 中前 n 个字节（typedef unsigned int size_t ）用 ch 替换并返回 s。

2. 获取系统时间

类型说明：

time_t : 时间类型

struct tm: 时间结构

使用方式：

```
time_t rawtime;              /*定义时间类型变量*/
struct tm*timeinfo;          /*定义时间结构类型变量*/
time(&rawtime);              /*获取时间,以秒计,从1970年1月1日起算,存于rawtime中 */
timeinfo=localtime ( &rawtime ); /*转为当地时间, tm 时间结构*/
asctime(timeinfo);           /*tm结构体中储存的时间转换为字符串字符*/
```

三、代码实现

```c
#include <stdio.h>
#include <stdlib.h>
#include <string.h>
#include <time.h>
void save(char c[]);          /*登录日志保存*/
void display();               /*登录日志显示*/
main()
{
  char username[200];         /*用户名*/
  char userpassword[200];     /*密码*/
  time_t rawtime;             /*时间值*/
  struct tm*timeinfo;
  char dltime[50];            /*登录时间*/
  printf("请输入登录用户名: ");
  gets(username);
  time(&rawtime);
  timeinfo=localtime(&rawtime);     /*获取当前系统时间*/
  if(strcmp(username,"adminstrator")==0)
  {
    printf("请输入管理员密码:");
    gets(userpassword);
    if(strcmp(userpassword,"admin123")==0)
```

```
    {
        /*管理员登录，录入并查看登录日志*/
        strcpy(dltime,asctime (timeinfo));
        strcat(username,"登录时间: ");
        strcat(username,dltime);
        save(username);
        display();
    }
  }
  else
  {
      /*普通用户登录，录入登录日志*/
      strcpy(dltime,asctime (timeinfo));
      strcat(username,"登录时间: ");
      strcat(username,dltime);
      save(username);
  }
}
void save(char c[])
{
  FILE *fp=fopen("e:\\aaa.txt","a");
  if(fp==NULL)
  {
      printf("不能打开该文件");
      exit(0);
  }
  fputc('\n',fp);
  fputs(c,fp);
  fclose(fp);
}
void display()
{
  FILE *fp=fopen("e:\\aaa.txt","r");
  int file_size;
  char* tmp;
  char c[1024];
  if(fp==NULL)
  {
      printf("不能打开该文件");
      exit(0);
  }
  fseek(fp,0,SEEK_END);                /*指向文件尾部*/
  file_size=ftell(fp);                 /*读取文件内容长度*/
  tmp=(char *)malloc(file_size);
  memset(tmp, 0x00,file_size);         /*内存做初始化工作*/
  fseek(fp,0,SEEK_SET);
  while(fgets(c,sizeof(c),fp)!=NULL)
      strcat(tmp,c);
  fclose(fp);
  printf("%s",tmp );
  fclose(fp);
}
```

四、结果演示

程序结果演示如图 10-3 所示。

图 10-3　演示结果界面

本 章 小 结

本章重点内容为正确使用文件进行文件处理，对文件操作分为 3 步：打开文件、读写文件、关闭文件。文件的访问是通过 stdio.h 中定义的名为 FILE 的结构类型实现的，它包括文件操作的基本信息。一个文件被打开时，编译程序自动在内存中建立该文件的 FILE 结构，并返回指向文件起始地址的指针。

本章难点内容为正确使用文件的读/写函数，正确使用 fseek()函数移动文件指针，从而实现随机读写文件。其中 fscanf()函数与 fprintf()函数、fgetc()函数与 fputc()函数、fgets()函数与 fputs()函数、fread()函数与 fwrite()函数使用时最好配对使用。

练 习 题

一、选择题

1. 以下可作为函数 fopen( )中第一个参数的正确格式是（　　）。

    A.　c:user\text.txt

    B.　c:\user\text.txt

    C.　"c:\user\text.txt"

    D.　"c:\\user\\text.txt"

2. 若要用 fopen()函数打开一个新的二进制文件，该文件要既能读也能写，则文件方式字符串应是（   ）。

    A. "ab+"   B. "wb+"   C. "rb+"   D. "ab"

3. 若以"a+"方式打开一个已存在的文件，则以下叙述正确的是（   ）。

    A. 文件打开时，原有文件内容不被删除，位置指针移到文件末尾，可作添加和读操作

    B. 文件打开时，原有文件内容不被删除，位置指针移到文件开头，可作重写和读操作

    C. 文件打开时，原有文件内容被删除，只可做写操作

    D. 以上各种说法皆不正确

4. 若调用 fputc( )函数输出字符成功，则其返回值是（   ）。

    A. EOF   B. 1   C. 0   D. 输出的字符

5. 利用 fseek( )函数可实现的操作是（   ）。

    A. 改变文件的位置指针   B. 文件的顺序读写

    C. 文件的随机读写   D. 以上答案均正确

二、填空题

1. 在 C 程序中，文件可以用_____方式存取，也可以用_____方式存取。

2. 在 C 程序中，数据可以用_____和_____两种代码形式存放。

3. 在 C 语言中，文件的存取是以_____为单位的，这种文件被称作_____文件。

4. feof(fp)函数用来判断文件是否结束，如果遇到文件结束，函数值为_____，否则为_____。

5. 定义文件指针变量的格式为_____。

三、编程题

1. 读写字符文件 charfile.txt，每次读取一个字符。

2. 从键盘输入字符后，写入到磁盘文件 datafile.txt 中。

3. 读出文件 sfile.txt 中的内容，反序写入另一个文件 dfile.txt 中去。

第 ⑪ 章

综合任务：图书管理系统

通过综合任务练习，加深对结构化程序设计思想的理解，能对系统功能进行分析，并设计合理的模块化结构。熟练运用指针、链表、结构体、文件等数据结构，提高程序开发能力，能运用合理的控制流编写清晰高效的程序。培养学生 C 语言知识运用和自学能力，真正的把课堂上获得的知识运用起来，培养学生对程序编写的兴趣，并能独立设计和实现一个中小型系统。

一般在综合项目中，经常使用预编译处理。预处理命令不是 C 语言的组成部分，更不是 C 语句。预处理命令都是以 "#" 开头，每个预处理命令必须独占一行，末尾不加分号。预处理命令可以出现在程序中的任何位置，但一般都将预处理命令放在源文件的首部，其作用范围是从出现处直至文件结束。C 语言提供的预处理功能主要有宏定义、文件包含、条件编译等。合理地使用预处理功能编写的程序便于阅读、修改、调试和移植，也有利于进行模块化程序设计。

任务 31 综合任务：图书管理系统

任务描述

（1）新书入库：图书信息包括书名、书号、库存量、现存量共 4 项。首先输入 3 本书的信息，并将其存入文件"bookzh.txt"中. 当有新书入库时，先判断文件中是否有此书（即比较书名），若有则修改库存量、现存量的信息；若无此书，则将该书的信息添加到文件中。

（2）图书查询：输入一个书号，在文件中查找此书，若找到则输出此书的全部信息；若找不到则输出查找失败的信息。

（3）借阅管理。

① 每个读者的信息包括姓名、编号、1 张借书卡（限借一本书），输入 3 个读者的信息存入文件"readerzh.txt"中。

② 借书登记：输入读者的编号、所借图书的书号，先判断姓名是否在文件"readerzh.txt"中，若有则将书号存入一张借书卡上（注：初始时借书卡的信息都为零，借书后借书卡的信息改为所借书的书号），并修改文件"readerzh.txt"的相应内容，同时修改文件"bookzh.txt"中此书的现存量。若"readerzh.txt"无此姓名，则应提示错误。

③ 还书管理：输入读者的编号、所还图书的书号，借书卡的信息置为零，并修改文件"readerzh.txt"的相应内容，同时修改文件"bookzh.txt"中此书的现存量。

（4）输出全部图书信息和全部读者信息。

（5）退出系统。

 知识准备

一、含有包含文件的程序

所谓文件包含，是指在一个文件中将另一个文件的全部内容包含进来。文件包含命令的功能是把指定的文件插入该命令行的位置取代该命令行，从而把指定的文件包含进当前的源程序文件中，并连成一个源文件。文件包含命令在程序设计中是很有用的。一个大的程序可分为多个模块，由多个程序员分别编程。一些公用的符号常量或宏定义等可单独组成文件，在其他文件的开头用包含命令包含该文件即可。这样可避免在每个文件开头都去书写那些公用量，从而减少出错，并节省时间。

文件包含的一般形式如下：

```
#include "文件名"
```

或

```
#include <文件名>
```

二、含有条件编译的程序

条件编译也是预处理程序提供的功能之一。一般情况下源程序中所有的行都参加编译，但有时可以按不同的条件编译不同的程序部分，由此产生不同的目标代码文件，这对程序的调试和移植很有用。条件编译通常有 3 种形式。

1. 条件编译形式 1

```
#ifdef 标识符
    程序段 1
#else
    程序段 2
#endif
```

功能：如果标识符已被 #define 命令定义过，则对程序段 1 进行编译，否则对程序段 2 进行编译。其中#else 部分可以没有，即：

```
#ifdef 标识符
  程序段 1
#endif
```

2. 条件编译形式 2

```
#ifndef 标识符
  程序段 1
#else
  程序段 2
#endif
```

功能：如果标识符未被#define 命令定义过，则对程序段 1 进行编译，否则对程序段 2 进行编译。其中#else 部分可以没有。

3. 条件编译形式 3

```
#if 表达式
```

```
    程序段1
#else
    程序段2
#endif
```

功能：如果表达式的值为真（非 0），则对程序段 1 进行编译，否则对程序段 2 进行编译。其中#else 部分可以没有。

知识应用

输入一行字母，根据需要设置条件编译，使字母全改为大写输出或小写输出。

```
#define LETTER 1
main()
{
  char str[30]="THIS IS a string.",c;
  int i=0;
  while(i<=30)
  {  c=str[i];
    if(c=='\0')  break;
    #if LETTER
      if(c>='A' && c<='Z')
        c=c+32;
    #else
      if(c>='a' && c<='z')
        c=c-32;
    #endif
    printf("%c",c);
    i++;}
}
```

任务实施

一、任务流程分解

图书管理系统分解如图 11-1 所示。

图 11-1　图书管理系统分解

二、数据结构设计

程序中考虑到图书信息和读者信息中都包含有不同类型的数据，故分别建立图书和读者两种类型的结构体；由于图书和读者的数量非固定，所以采用动态链式存储来实现。

1. 图书类型

```
typedef struct bk{
char book_num[11];              /*书号采用 10 位编码最后 1 位为字符串结束标志(下同)*/
char book_name[41];             /*书名规定不超过 40 个字母（20 个汉字）*/
unsigned book_kc,book_xc;       /* book_kc 代表库存量，book_xc 代表现存量*/
struct bk *next;
}book;
```

2. 读者类型

```
typedef struct rd{
char reader_num[11];            /*读者编号采用 10 位编码*/
char reader_name[11];           /*读者姓名*/
char reader_book_num[11];       /*表示所借书号，初始值为 "0" */
struct bk *next;
}reader;
```

三、文件存储路径

存储数据的文件 bookzh.txt、readerzh.txt 都存储在程序同一文件夹下。

四、代码实现

1. 定义全局变量 global.h

```
typedef struct bk {
  char book_num[11];
  char book_name[41];
  int  book_kc;
  int  book_xc;
  struct bk * next;
}book; /*图书信息*/

typedef struct rd {
  char reader_num[11];
  char reader_name[11];
  char reader_book_num[11];
  struct rd *next ;
}reader;/*读者信息*/
struct bk *h_book,*h_reader;
        /*全局变量，分别为指向图书信息链表和读者信息链表的头指针*/
```

2. 图书管理程序主文件

```
#include <stdio.h>
#include <math.h>
#include <string.h>
#include "global.h"
```

```
  void Form_Insert_New_Book();      /*新书入库菜单*/
  void Form_Find_Book();            /*查询图书菜单 */
  void Form_Borrow_Book();          /*借书菜单*/
  void Form_Return_Book();          /*还书菜单*/
  void Find_Book(char *);           /*查询图书*/
  void Insert_New_Book(char *,char *,int ); /*新书入库，即在链表中插入一个新结点*/
  void Borrow_Book(char *,char *);  /*借书，修改读者借阅信息和图书的现存信息*/
  void Return_Book(char *,char *);  /*还书，修改读者借阅信息和图书的现存信息*/
  void print_book(struct bk *);     /*输出全部图书信息*/
  void print_reader(struct rd *);   /*输出全部读者信息*/
  void load_data();                 /*从文件中读取数据，链表头指针指向第一个结点*/
  void init_reader();               /*第一次运行程序时对三个读者的初始化*/
  void init_book();                 /*第一次运行程序时对三本图书的初始化*/
  void save();                      /*将链表中的信息保存到文件中*/

void M_Form()                       /*主菜单*/
{ char ch;
  printf("\n                        图书管理系统主窗口");
  printf("\n                        0:退出系统");
  printf("\n                        1:新书入库");
  printf("\n                        2:图书查询");
  printf("\n                        3:借书登记");
  printf("\n                        4:还书管理");
  printf("\n                        5:输出全部信息");

  do{                               /*此循环用来保证选择正确的数字键执行相应的功能*/
  printf("\n\n                      请选择相应的功能代码: ");
  scanf("%c",&ch);
  fflush(stdin);  /*用于清除键盘缓冲区中的多余字符*/
    }while(ch!='0'&&ch!='1'&&ch!='2'&&ch!='3'&&ch!='4'&&ch!='5');
  switch(ch)  /*根据输入的字符进行选择执行相应的模块*/
  { case '0':exit(0);
    case '1':Form_Insert_New_Book();break;
    case '2':Form_Find_Book();break;
    case '3':Form_Borrow_Book();break;
    case '4':Form_Return_Book();break;
    case '5':load_data();print_book(h_book);print_reader(h_reader);M_Form();
    default:printf("error\n");exit(0);
  }
}
void Form_Find_Book()
{ char ch;
  char book_num[11];
  printf("\n              图书查询功能模块，请选择相应的功能代码: \n");
  printf("                  0:返回到主菜单\n");
```

```
        printf("                      1:图书查询");
        do{
            printf("\n\n                      请选择相应的功能代码: ");
            scanf("%c",&ch);
            fflush(stdin);
          }while(ch!='0'&&ch!='1');
     switch(ch)
     { case '0':M_Form();break;   /*选择0，则返回到上一级目录，即主菜单*/
       case '1':
       { printf("        \n请输入需要需要查询的书的编号:");
        scanf("%s",book_num);
        fflush(stdin);
        Find_Book(book_num);    /*执行查询*/
        Form_Find_Book();        /*查询完毕后继续返回查询窗口，执行下一个查询*/
       }
       default:printf("error\n");exit(0);
     }
}
void Find_Book(char book_num[]) /*查询图书模块，根据图书编号查询*/
{ struct bk *p;
  p=h_book;
  while(p!=NULL&&strcmp(p->book_num,book_num)!=0)
    p=p->next;   /*此循环用于查找，如果在中间找到，则p就不可能到末尾指向空*/
  if(p==NULL) printf("\n\t此编号对应的图书不存在! \n");
  else { printf("\n\t图书编号\t图书名\t库存量\t现存量    \n");
          printf("   %10s\t   %10s\t   %d\t   %d\t\n",p->book_num,p->book_
name,p->book_kc,p->book_xc);
        }
     getch();
}
void init_book()  /*初始化图书模块*/
{ book ba[3];
  FILE *fp;
  int i;
  printf("\n    系统即将进行初始化，图书初始化模块:\n");
  printf("\n    请分别输入三本书的书号、书名、数量（以回车隔开）: \n    ");
  for(i=0;i<3;i++) /*输入三本图书进行初始化*/
   scanf("%s%s%d",ba[i].book_num,ba[i].book_name,&ba[i].book_kc);
  for(i=0;i<3;i++) {ba[i].book_xc=ba[i].book_kc;} /*开始时库存=现存*/

  if((fp=fopen("bookzh.txt","wb"))==NULL)/*建立新文件bookzh.txt准备写入数据*/
    { printf("不能建立图书文件，初始化失败! 请重新启动系统! \n"); return; }
  for(i=0;i<3;i++)/*将初始化的3本图书写入文件bookzh.txt中*/
  { if(fwrite(&ba[i],sizeof(struct bk),1,fp)!=1)
    { printf("\写数据错误! \n"); exit(0); }
```

```
        }
      fclose(fp);
  }


void init_reader()
/*系统第一次运行时，初始化三位读者信息，从键盘读入*/
{ FILE *fp;
  reader ra[3];
  int i;
  printf("\n    系统即将进行读者初始化:\n");
  printf("\n    请分别输入三位读者的编号和姓名（以空格隔开）:\n       ");
  for(i=0;i<3;i++)
    scanf("%s%s",ra[i].reader_num,ra[i].reader_name);
  for(i=0;i<3;i++)
    strcpy(ra[i].reader_book_num,"0");


  if((fp=fopen("readerzh.txt","wb"))==NULL)
    { printf("不能建立读者文件，初始化失败！请重新启动系统！\n"); return; }
  for(i=0;i<3;i++)/*将三位读者信息写入文件*/
  {
    if(fwrite(&ra[i],sizeof(struct rd),1,fp)!=1)
    { printf("\写数据错误！\n"); exit(0); }
  }
    fclose(fp);
}


void init() /*图书信息、读者信息进行初始化*/
{


  init_book();
  init_reader();
}


void print_book(struct bk *h)
/*输出图书信息*/
{ struct bk *p;
  p=h;
  printf("\n\t图书编号    \t图书名     \t库存量    \t现存量   \n");
  while(p!=NULL)
  { printf("  %10s\t %10s   %10d\t%10d\n",p->book_num,p->book_name,p->book_kc,p->book_xc);
    p=p->next;
  }
}
```

```
void print_reader(struct rd *h)
/*输出读者信息*/
{  struct rd *p;
   p=h;
   printf("\n\t 读者编号    \t 读者姓名    \t 所借书号    \n");
   while(p!=NULL)
   { printf("  %10s\t  %10s    %10s\n",p->reader_num,p->reader_name,p->
      reader_book_num);
      p=p->next;
   }


}
void Form_Borrow_Book()
/*借书菜单界面*/
{ char ch;
  char book_num[11],reader_num[11];
   printf("\n                 图书借阅功能模块，请选择相应的功能代码: \n");
   printf("                    0:返回到主菜单\n");
   printf("                    1:图书借阅\n");
   do{
      printf("\n\n                        请选择相应的功能代码: ");
      scanf("%c",&ch);
      fflush(stdin);
     }while(ch!='0'&&ch!='1');
  switch(ch)
  { case '0':M_Form();break;
    case '1':
    { printf("       \n 请输入读者编号与所借书编号:（以空格分隔）");
      scanf("%s%s",reader_num,book_num);
      fflush(stdin);
      Borrow_Book(reader_num,book_num);/*调用借书函数，执行借书功能*/
      Form_Borrow_Book();/*借书完成后，程序返回借书菜单*/
    }
    default:printf("error\n");exit(0);
  }
}
void Borrow_Book(char reader_num[],char book_num[])
/*输入读者编号，和需要借阅的书的编号，执行借书功能*/
{  struct bk *book_p;
   struct rd *reader_p;
   book_p=h_book;
   while(book_p!=NULL&&strcmp(book_p->book_num,book_num)!=0)
     book_p=book_p->next;
   if(book_p==NULL)
     { printf("\n\t 此编号对应的图书不存在! \n");
```

```
        Form_Borrow_Book();
      }
    reader_p=h_reader;
    while(reader_p!=NULL&&(strcmp(reader_p->reader_num,reader_num)!=0))
      reader_p=reader_p->next;
    if(reader_p==NULL)
      { printf("\n\t此编号对应的读者不存在！\n");
        Form_Borrow_Book();
      }
     else if(strcmp(reader_p->reader_book_num,"0")!=0)
          { printf("\n\t已达到最大借阅数，不能再借书！\n");
            Form_Borrow_Book();
          }
         else {
    book_p->book_xc=book_p->book_xc-1;/*借书完成后，修改现存量*/
    strcpy(reader_p->reader_book_num,book_p->book_num);/*修改读者的借阅信息*/
    save();/*将修改后的信息保存到文件中*/
    load_data();  /*读入新文件中的数据*/}
    Form_Borrow_Book();/*程序执行完毕后，返回借书菜单界面*/
}
void Form_Return_Book()
/*还书菜单*/
{ char ch;
  char book_num[11],reader_num[11];
  printf("\n                归还图书功能模块，请选择相应的功能代码：\n");
  printf("                   0:返回到主菜单\n");
  printf("                   1:归还图书\n");
  do{
     printf("\n\n                请选择相应的功能代码：");
     scanf("%c",&ch);
     fflush(stdin);
    }while(ch!='0'&&ch!='1');
  switch(ch)
  { case '0':M_Form();break;
    case '1':
    { printf("      \n请输入读者编号与所还书编号：（以空格分隔）");
      scanf("%s%s",reader_num,book_num);
      fflush(stdin);
      Return_Book(reader_num,book_num);/*调用还书函数*/
      Form_Return_Book();
    }
    default:printf("error\n");exit(0);
  }

}
```

```c
void Return_Book(char reader_num[],char book_num[])
/*输入读者编号和所还书编号执行还书*/
{   struct bk *book_p;
    struct rd *reader_p;
    book_p=h_book;
    while(book_p!=NULL&&strcmp(book_p->book_num,book_num)!=0)
      book_p=book_p->next;
    if(book_p==NULL)
      {  printf("\n\t 此编号对应的图书不存在! \n");
         Form_Return_Book();
      }
    reader_p=h_reader;
    while(reader_p!=NULL&&(strcmp(reader_p->reader_num,reader_num)!=0))
      reader_p=reader_p->next;
    if(reader_p==NULL)
      {  printf("\n\t 此编号对应的读者不存在! \n");
         Form_Return_Book();
      }
     else if(strcmp(reader_p->reader_book_num,book_num)!=0)
           {  printf("\n\t 读者没有借阅此书\n");
             Form_Return_Book();
           }
         else {
    book_p->book_xc=book_p->book_xc+1;/*还书后，修改图书库存量*/
    strcpy(reader_p->reader_book_num,"0");/*还书后，修改读者借阅信息*/
    save();/*保存到文件*/
    load_data();  /*读入文件中的数据*/}
    Form_Return_Book();
}


void Insert_New_Book(char book_num[],char book_name[],int number)
/*增加 1 本新书，读入新书的名称、编号和数量*/
{ struct bk *book_fp;
  struct bk *p,*q,*t;
  q=h_book;
  p=h_book;

  while(p->next!=NULL && strcmp(p->book_num,book_num)!=0) { q=p;p=p->next; }

  if(strcmp(p->book_num,book_num)==0)
    {  printf("\n\t\t 此编号已经存在，请重新输入!\n");
      return;
    }
  t=(struct bk *)malloc(sizeof(struct bk));
  strcpy(t->book_num,book_num);
```

```
        strcpy(t->book_name,book_name);
        t->book_kc=t->book_xc=number;
        q->next=t;t->next=NULL;
        if((book_fp=fopen("bookzh.txt","ab"))==NULL)
          {  printf("不能建立图书文件，初始化失败！请重新启动系统！\n");  return;  }
        /*将新书信息添加到文件中*/
        fwrite(t,sizeof(struct bk),1,book_fp);
        fclose(book_fp);
    }


void Form_Insert_New_Book()
/*添加新书菜单*/
{  char ch;
   struct bk t;
   printf("\n                    新书入库功能模块，请选择相应的功能代码：\n");
   printf("                      0:返回到主菜单\n");
   printf("                      1:新书入库");
   do{
       printf("\n\n                        请选择相应的功能代码: ");
       scanf("%c",&ch);
       fflush(stdin);
     }while(ch!='0'&&ch!='1'&&ch!='2'&&ch!='3'&&ch!='4'&&ch!='5');
   switch(ch)
   { case '0':M_Form();break;
     case '1':
     {
       printf("       \n请按顺序输入新书的编号、名称、数量（以空格隔开): ");
       scanf("%s%s%d",t.book_num,t.book_name,&t.book_kc);
       fflush(stdin);
       Insert_New_Book(t.book_num,t.book_name,t.book_kc);

       Form_Insert_New_Book();
     }
     default:printf("error\n");exit(0);
   }
}
void load_data()
/*从文件bookzh.txt和文件readerzh.txt中读取数据到内存*/
/*将读取的数据存放到2个链表中*/
{  struct bk *book_p1,*book_p2,*book_p3;
   struct rd *reader_p1,*reader_p2,*reader_p3;
   FILE *fp_book,*fp_reader;
   fp_book=fopen("bookzh.txt","rb");
   book_p1=(struct bk *)malloc(sizeof(struct bk));
```

```
    fread(book_p1,sizeof(struct bk),1,fp_book);
    h_book=book_p3=book_p2=book_p1;
    while(! feof(fp_book))
    {  book_p1=(struct bk *)malloc(sizeof(struct bk));
       fread(book_p1,sizeof(struct bk),1,fp_book);
       book_p2->next=book_p1;book_p3=book_p2;book_p2=book_p1;
    }
    book_p3->next=NULL;
    free(book_p1);
    fclose(fp_book);


    fp_reader=fopen("readerzh.txt","rb");
    reader_p1=(struct rd *)malloc(sizeof(struct rd));
    fread(reader_p1,sizeof(struct rd),1,fp_reader);
    h_reader=reader_p3=reader_p2=reader_p1;
    while(! feof(fp_reader))
    {  reader_p1=(struct rd *)malloc(sizeof(struct rd));
       fread(reader_p1,sizeof(struct rd),1,fp_reader);
       reader_p2->next=reader_p1;reader_p3=reader_p2;reader_p2=reader_p1;
    }
    reader_p3->next=NULL;
    free(reader_p1);
    fclose(fp_reader);
}
void save()
/*将链表中的数据保存到内存中*/
{ FILE *book_fp,*reader_fp;
  struct bk *book_p;
  struct rd *reader_p;
  book_p=h_book;
  reader_p=h_reader;
  if((book_fp=fopen("bookzh.txt","wb"))==NULL)
    {  printf("不能建立图书文件, 初始化失败! 请重新启动系统! \n"); return; }
  while(book_p!=NULL)
  {  if(fwrite(book_p,sizeof(struct bk),1,book_fp)!=1)
     {  printf("\写数据错误! \n"); exit(0); }
     book_p=book_p->next;
  }
  fclose(book_fp);

  if((reader_fp=fopen("readerzh.txt","wb"))==NULL)
    {  printf("不能建立图书文件, 初始化失败! 请重新启动系统! \n"); return; }
  while(reader_p!=NULL)
  {  if(fwrite(reader_p,sizeof(struct rd),1,reader_fp)!=1)
```

```
    { printf("\写数据错误! \n"); exit(0); }
    reader_p=reader_p->next;
  }
  fclose(reader_fp);
}


main()
{ FILE * fp;
  struct bk temp;

  h_book=NULL;
  h_reader=NULL;
  if((fp=fopen("bookzh.txt","r"))==NULL)
    init();/*第 1 次运行系统时的初始化*/

  load_data();/*从文件中读入数据*/
  M_Form();/*显示主菜单*/
  save();/*保存内存中的数据（即链表中的数据）到文件*/
  getchar();

}
```

五、程序运行结果

（1）输出全部信息，程序结果演示如图 11-2 所示。

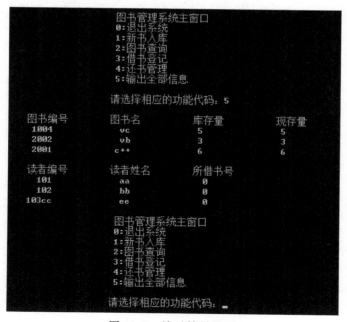

图 11-2　演示结果界面

（2）新书入库，程序结果演示如图 11-3 所示。

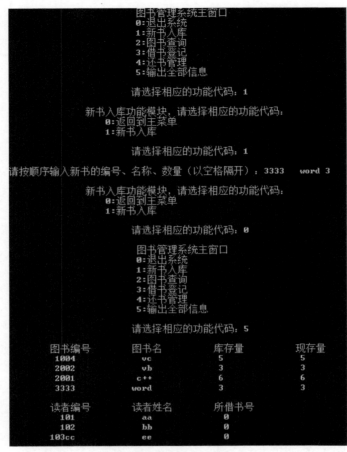

图 11-3　演示结果界面

（3）图书查询，程序结果演示如图 11-4 所示。

图 11-4　演示结果界面

（4）借书登记，程序结果演示如图 11-5 所示。

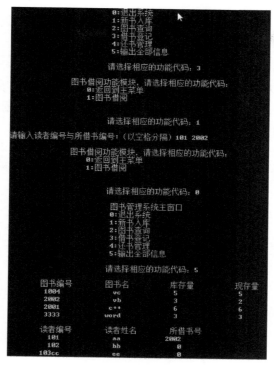

图 11-5 演示结果界面

（5）还书管理，程序结果演示如图 11-6 所示。

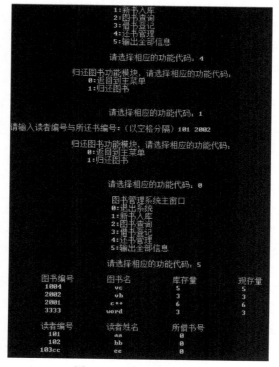

图 11-6 演示结果界面

本 章 小 结

本章的综合任务是培养学生综合运用所学知识，发现、提出、分析和解决实际问题，锻炼实践能力的重要环节，是对学生实际工作能力的具体训练和考察过程。在开发综合任务过程中，不仅可以巩固以前所学过的知识，而且把所学的理论知识与实践结合起来，从而提高了实际动手能力和独立思考的能力。

本章内容包含为宏定义，尤其是带参宏与函数的区别。宏定义是用一个标识符表示一个字符串，这个字符串可以是常量、表达式、格式串等，在宏调用时将用该字符串代替宏名。宏定义分为不带参数的宏定义和带参数的宏定义两种。

练 习 题

一、选择题

1. C 语言中，宏定义的有效范围从定义处开始，到源文件结束。但可以用来提前解除宏定义作用的是（　　　）。

    A. #ifndef
                B. endif
    C. #undefined
          D. #undef

2. 以下正确的叙述是（　　　）。

    A. 在程序的一行中可以出现多个有效的预处理命令行

    B. 使用带参宏时，参数的类型应与宏定义时的一致

    C. 宏替换不占用运行时间，只占用编译时间

    D. 宏定义不能出现在函数内部

3. 以下不正确的叙述是（　　　）。

    A. 宏替换不占用运行时间
           B. 宏名无类型

    C. 宏替换只是字符替换
        D. 宏名必须用大写字母表示

4. 在文件包含预处理语句的使用形式中，当#include 后面的文件名用尖括号括起时，找寻被包含文件的方式是（　　　）。

    A. 仅搜索当前目录

    B. 仅搜索源程序所在目录

    C. 按系统设定的标准方式搜索目录

    D. 先在源程序所在目录搜索，再按照系统设定的标准方式搜索

5. 在文件包含预处理语句的使用形式中，当#include 后面的文件名用双引号括起时，找寻被包含文件的方式是（　　　）。

    A. 仅搜索当前目录

    B. 仅搜索源程序所在目录

    C. 直接按系统设定的标准方式搜索目录

    D. 先在源程序所在目录搜索，再按照系统设定的标准方式搜索

二、填空题

1. C 语言中有 3 种预处理命令，分别是＿＿＿＿＿＿、＿＿＿＿＿＿和＿＿＿＿＿＿。
2. 预处理命令均以＿＿＿＿＿＿符号开头。
3. 文件包含有两种形式，分别是＿＿＿＿＿＿和＿＿＿＿＿＿。
4. 定义宏的关键字是＿＿＿＿＿＿。
5. 宏定义分为＿＿＿＿＿＿的宏定义和＿＿＿＿＿＿的宏定义。
6. 预处理命令不是 C 语句，不必在行末加＿＿＿＿＿＿。
7. 要使用 strcpy()函数，需要在使用前包含＿＿＿＿＿＿文件。
8. 要使用 sqrt()、fabs()函数，需要在使用前包含＿＿＿＿＿＿文件。

三、编写程序

1. 输入两个整数，求其相除的余数。用带参的宏实现编程。
2. 用带参的宏编程，从 4 个数中找出最大者。
3. 用条件编译方法实现以下功能：
输入一行文字，可以任选两种输出，一为原文输出，二为其字母的 ASCII 码加 5 后输出。

附　　录

附录 A　ASCII　表

字符	十进制	十六进制	字符	十进制	十六进制	字符	十进制	十六进制	字符	十进制	十六进制
NUL	0	00	SP	32	20	@	64	40	`	96	60
SOH	1	01	!	33	21	A	65	41	a	97	61
STX	2	02	''	34	22	B	66	42	b	98	62
ETX	3	03	#	35	23	C	67	43	c	99	63
EOT	4	04	$	36	24	D	68	44	d	100	64
ENQ	5	05	%	37	25	E	69	45	e	101	65
ACK	6	06	&	38	26	F	70	46	f	102	66
BEL	7	07	'	39	27	G	71	47	g	103	67
BS	8	08	(	40	28	H	72	48	h	104	68
HT	9	09	)	41	29	I	73	49	i	105	69
LF	10	0A	*	42	2A	J	74	4A	j	106	6A
VT	11	0B	+	43	2B	K	75	4B	k	107	6B
FF	12	0C	,	44	2C	L	76	4C	l	108	6C
CR	13	0D	−	45	2D	M	77	4D	m	109	6D
SO	14	0E	.	46	2E	N	78	4E	n	110	6E
SI	15	0F	/	47	2F	O	79	4F	o	111	6F
DLE	16	10	0	48	30	P	80	50	p	112	70
DC1	17	11	1	49	31	Q	81	51	q	113	71
DC2	18	12	2	50	32	R	82	52	r	114	72
DC3	19	13	3	51	33	S	83	53	s	115	73
DC4	20	14	4	52	34	T	84	54	t	116	74
NAK	21	15	5	53	35	U	85	55	u	117	75
SYN	22	16	6	54	36	V	86	56	v	118	76
ETB	23	17	7	55	37	W	87	57	w	119	77
CAN	24	18	8	56	38	X	88	58	x	120	78
EM	25	19	9	57	39	Y	89	59	y	121	79
SUB	26	1A	:	58	3A	Z	90	5A	z	122	7A
ESC	27	1B	;	59	3B	[	91	5B	{	123	7B
FS	28	1C	<	60	3C	\	92	5			124	7C
GS	29	1D	=	61	3D	]	93	5D	}	125	7D
RS	30	1E	>	62	3E	ˆ	94	5E	~	126	7E
US	31	1F	?	63	3F	_	95	5F	DEL	127	7F

附录 B　C 语言中的关键字

auto	break	case	char	const
continue	default	do	double	else
enum	extern	float	for	goto
if	int	long	register	return
short	signed	sizeof	static	struct
switch	typedef	union	unsigned	void
volatile	while			

附录 C　运算符及其结合性

优先级	运　算　符	含　　义	要求运算对象的个数	结合方向
1	() [ ] -> .	圆括号 下标运算符 指向结构体成员运算符 结构体成员运算符		自左至右
2	! ~ ++ -- - (类型) * & sizeof	逻辑非运算符 按位取反运算符 自增运算符 自减运算符 负号运算符 类型转换运算符 指针运算符 地址与运算符 长度运算符	1（单目运算符）	自右至左
3	* / %	乘法运算符 除法运算符 求余运算符	2（双目运算符）	自左至右
4	+ -	加法运算法 减法运算法	2（双目运算符）	自左至右
5	<< >>	左移运算符 右移运算符	2（双目运算符）	自左至右
6	<= >=	关系运算符	2（双目运算符）	自左至右
7	== !=	等于运算符 不等运算符	2（双目运算符）	自左至右
8	&	按位"与"运算符	2（双目运算符）	自左至右
9	^	按位"异或"运算符	2（双目运算符）	自左至右
10	|	按位"或"运算符	2（双目运算符）	自左至右

优先级	运 算 符	含 义	要求运算对象的个数	结合方向
11	&&	逻辑"与"运算符	2（双目运算符）	自左至右
12	||	逻辑"或"运算符	2（双目运算符）	自左至右
13	?:	条件运算符	3（双目运算符）	自右至左
14	= += -= *= /= %= >>= <<= &= ^= !=	赋值运算符	2（双目运算符）	自左至右
15	,	逗号运算符（顺序求值运算符）		自左至右

说 明

（1）同一优先级的运算符优先级别相同，运算次序由结合方向决定。例如，*与/具有相同的优先级别，其结合方向为自左至右，因此 3*5/4 的运算次序是先乘后除。-和++为同一优先级，结合方向为自右至左，因此-i++相当于-(i++)。

（2）不同的运算符要求有不同的运算对象个数，如+（加）和-（减）为双目运算符，要求在运算符两侧各有一个运算对象（如 3+5、8-3 等）。而++和-（负号）运算符是一元运算符，只能在运算符的一侧出现一个运算对象（如-a、i++、--i、(float)i、sizeof(int)、*p 等）。条件运算符是 C 语言中唯一的一个三目运算符，如 x?a:b。

（3）可以大致归纳出各类运算符的优先级：

初等运算符（()、[]、→、·）

↓

单目运算符

↓

算术运算符（先乘除，后加减）

↓

关系运算符

↓

逻辑运算符（不包括!）

↓

条件运算符

↓

赋值运算符

↓

逗号运算符

以上的优先级别由上到下递减。初等运算符优先级最高，逗号运算符优先级最低。位运算符的优先级比较分散：有的在算术运算符之前（如~），有的在关系运算符之前（如<<和>>），有的在关系运算符之后（如&、^、|）。为了容易记忆，使用位运算符时可加圆弧号。

附录 D　C 语言库函数

　　库函数并不是 C 语言的一部分，它是由人们根据需要编制并提供用户使用的。每一种 C 编译系统都提供了一批库函数，不同的编译系统所提供的库函数的数目和函数名以及函数功能是不完全相同的。ANSI C 标准提出了一批建议提供的标准库函数。它包括了目前多数 C 编译系统所提供的库函数，但也有一些是某些 C 编译系统未曾实现的。考虑到通用性，本书列出 ANSI C 标准建议提供的、常用的部分库函数，对多数 C 编译系统，可以使用这些函数的绝大部分。由于 C 库函数的种类和数目很多（例如，还有屏幕和图形函数、时间日期函数、与系统有关的函数等，每一类函数又包括各种功能的函数），限于篇幅，本附录不能全部介绍，只从教学需要的角度列出最基本的。读者在编制 C 程序时可能要用到更多的函数，请查阅所用系统的相关手册。

1. 数学函数

使用数学函数时，应该在该源文件中使用以下命令行：

```
#include <math.h>
```

或

```
#include "math.h"
```

函数名	函数原型	功　　能	返回值	说　　明
abs	int abs(int x);	求整数 x 的绝对值	计算结果	
acos	double acos(double x);	计算 arccos(x)的值	计算结果	x 应在 –1～1 范围内
asin	double asin(double x);	计算 arcsin(x)的值	计算结果	x 应在 –1～1 范围内
atan	double atan(double x);	计算 arctan(x)的值	计算结果	
atan2	double atan2(double x, double y);	计算 arctan(x/y)的值	计算结果	
cos	double cos(double x);	计算 cos(x)的值	计算结果	x 的单位为弧度
cosh	double cosh(double x);	计算 x 的双曲余弦 cosh(x)的值	计算结果	
exp	double exp(double x);	求 e^x 的值	计算结果	
fabs	double fabs(double x);	求 x 的绝对值	计算结果	
floor	double floor(double x);	求出不大于 x 的最大整数	该整数的双精度实数	
fmod	double fmod(double x, double y)	求整除 x/y 的余数	返回余数的双精度数	
frexp	double frexp(double val, int *eptr);	把双精度数 val 分解为数字部分（尾数）x 和以 2 为底的指数 n，即 val=x·2^n，n 存放在 eptr 指向的变量中	返回数字部分 x $0.5 \leqslant x < 1$	
log	double log(double x)	求 $\log_e x$，即 ln(x)	计算结果	
log10	double log10(double x);	求 $\log_{10} x$，即 lg x	计算结果	
modf	double modf(double val,double *iptr);	把双精度数 val 分解为整数部分和小数部分，把整数部分存到 iptr 指向的单元	val 的小数部分	

续表

函数名	函数原型	功能	返回值	说明
pow	double pow(double x, double y);	计算 x^y 的值	计算结果	
rand	int rand(void);	产生 −90～32 767 间的随机整数	随机整数	
sin	double sin(double x);	计算 sin x 的值	计算结果	x 单位为弧度
sinh	double sinh(double x);	计算 x 的双曲正弦函数 sinh(x)的值	计算结果	
sqrt	double sqrt(double x);	计算 x 的平方根	计算结果	x 应≥0
tan	double tan(double x);	计算 tan(x)的值	计算结果	x 单位为弧度
tanh	double tanh(double x);	计算 x 的双曲正切函数 tanh(x)的值	计算结果	

2. 字符函数和字符串函数

ANSI C 标准要求在使用字符串函数时要包含头文件"string.h"，在使用字符函数时要包含头文件"ctype.h"。有的 C 编译不遵循 ANSI C 标准的规定，而用其他名称的头文件，使用时请查看相关手册。

函数名	函数原型	功 能	返 回 值	包含文件
isalnum	int isalnum(int ch);	检查 ch 是否是字母（alpha）或数字（numeric）	是字母或数字返回 1；否则返回 0	ctype.h
isalpha	int isalpha(int ch);	检查 ch 是否是字母	是，返回 1；不是，返回 0	ctype.h
iscntrl	int iscntrl(int ch);	检查 ch 是否是控制字符（其 ASCII 码在 0～0x1F 之间）	是，返回 1；不是，返回 0	ctype.h
isdigit	int isdigit(int ch);	检查 ch 是否是数字（0～9）	是，返回 1；不是，返回 0	ctype.h
isgraph	int isgraph(int ch);	检查 ch 是否是可打印字符（其 ASCII 码在 0x21～0x7E 之间），不包括空格	是，返回 1；不是，返回 0	ctype.h
islower	int islower(int ch);	检查 ch 是否是小写字母（a～z）	是，返回 1；不是，返回 0	ctype.h
isprint	int isprint(int ch);	检查 ch 是否是可打印字符（包括空格），其 ASCII 码在 0x20～0x7E 之间	是，返回 1；不是，返回 0	ctype.h
ispunct	int ispunct(int ch);	检查 ch 是否是标点字符（不包括空格），即除字母、数字和空格以外的所有可打印字符	是，返回 1；不是，返回 0	ctype.h
isspace	int isspace(int ch);	检查 ch 是否是空格、跳格符（制表符）或换行符	是，返回 1；不是，返回 0	ctype.h
isupper	int isupper(int ch);	检查 ch 是否是大写字母（A～Z）	是，返回 1；不是，返回 0	ctype.h
isxdigit	int isxdigit(int ch);	检查 ch 是否是一个十六进制数字字符（即 0～9，或 A～F，或 a～f）	是，返回 1；不是，返回 0	ctype.h
strcat	char *strcat(char *str1, char *str2);	把字符串 str2 接到 str1 后面，str1 最后面的'\0'被取消	str1	string.h

续表

函数名	函数原型	功　　能	返　回　值	包含文件
strchr	char *strchr(char *str, int ch);	找出 str 指向的字符串第一次出现字符 ch 的位置	返回指向该位置的指针，如找不到，则返回空指针	string.h
strcmp	int strcmp(char *str1,char *str2);	比较两个字符串 str1 和 str2	str1<str2，返回负数；str1=str2，返回 0；str1>str2，返回正数	string.h
strcpy	char *strcpy(char *str1, char *str2);	把 str2 指向的字符串复制到 str1 中去	返回 str1	string.h
strlen	unsigned int strlen (char *str);	统计字符串 str 中字符的个数（不包括终止符'\0'）	返回字符个数	string.h
strstr	char *strstr(char *str1,char *str2);	找出 str2 字符串在 str1 字符串中第一次出现的位置（不包括 str2 的串结束符）	返回该位置的指针。如找不到，返回空指针	string.h
tolower	int tolower(int ch);	ch 字符转换为小写字母	返回 ch 所代表的字符的小写字母	ctype.h
toupper	int toupper(int ch);	将 ch 字符转换成大写字母	与 ch 相应的大写字母	ctype.h

3. 输入/输出函数

凡用以下的输入/输出函数，应该使用#include <stdio.h>把 stdio.h 头文件包含到源程序文件中。

函数名	函　数　原　型	功　　能	返　回　值	说　　明
clearerr	void clearer(FILE *fp);	使 fp 所指文件的错误，标志和文件结束标志置 0	无	
close	int close(int fp);	关闭文件	关闭成功返回 0，不成功，返回–1	非 ANSI 标准
creat	int creat(char *filename,int mode);	以 mode 所指定的方式建立文件	成功则返回正数，否则返回–1	非 ANSI 标准
eof	int eof(int fd);	检查文件是否结束	遇文件结束，返回 1；否则返回 0	非 ANSI 标准
fclose	int fclose(FILE *fp);	关闭 fp 所指的文件，释放文件缓冲区	有错则返回非 0,否则返回 0	
feof	int feof(FILE *fp);	检查文件是否结束	遇文件结束符返回非零值，否则返回 0	
fgetc	int fgetc(FILE *fp);	从 fp 所指定的文件中取得下一个字符	返回所得到的字符。若读入出错，返回 EOF	
fgets	char *fgets(char *buf,int n, FILE *fp);	从 fp 指向的文件中读取一个长度为(n–1)的字符串，存入起始地址为 buf 的空间	返回地址 buf，若遇文件结束或出错，返回 NULL	
fopen	FILE *fopen(char *filename,char *mode);	以 mode 指定的方式打开名为 filename 的文件	成功，返回一个文件指针（文件信息区的起始地址），否则返回 0	

续表

函数名	函数原型	功　能	返　回　值	说　明
fprintf	int fprintf(FILE *fp, char *format,args…);	把 args 的值以 format 指定的格式输出到 fp 所指定的文件中	实际输出的字符数	
fputc	int fputc(char ch,FILE *fp);	将字符 ch 输出到 fp 指向的文件中	成功，则返回该字符；否则返回非 0	
fputs	int fputs(char *str, FILE *fp);	将 str 指向的字符串输出到 fp 所指定的文件	返回 0，若出错返回非 0	
fread	int fread(char *pt,unsigned size, unsigned n,FILE *fp);	从 fp 所指定的文件中读取长度为 size 的 n 个数据项，存到 pt 所指向的内存区	返回所读的数据项个数，如遇文件结束或出错返回 0	
fscanf	int fscanf(FILE *fp,char format,args,…);	从 fp 指定的文件中按 format 给定的格式将输入数据送到 args 所指向的内存单元（args 是指针）	已输入的数据个数	
fseek	int fseek(FILE *fp, long offset,int base);	将 fp 所指向的文件的位置指针移到以 base 所指出的位置为基准、以 offset 为位移量的位置	返回当前位置，否则，返回-1	
ftell	long ftell(FILE *fp);	返回 fp 所指向的文件中的读写位置	返回 fp 所指向的文件中的读写位置	
fwrite	int fwrite(char *ptr, unsigned size, unsigned n, FILE *fp);	把 ptr 所指向的 n×size 个字节输出到 fp 所指向的文件中	写到 fp 文件中的数据项的个数	
getc	int getc(FILE *fp);	从 fp 所指向的文件中读入一个字符	返回所读的字符，若文件结束或出错，返回 EOF	
getchar	int getchar(void);	从标准输入设备读取下一个字符	所读字符。若文件结束或出错，则返回-1	
getw	int getw(FILE *fp);	从 fp 所指向的文件读取下一个字（整数）	输入的整数。如文件结束或出错，返回-1	非 ANSI 标准函数
open	int open(char *filename,int mode);	以 mode 指出的方式打开已存在的名为 filename 的文件	返回文件号（正数），如打开失败，返回-1	非 ANSI 标准函数
printf	int printf(char *format,args,…);	按 format 指向的格式字符串所规定的格式，将输出表列 args 的值输出到标准输出设备	输出字符的个数。若出错，返回负数	format 可以是一个字符串，或字符数组的起始地址
putc	int putc(int ch,FILE *fp);	把一个字符 ch 输出到 fp 所指的文件中	输出的字符 ch。若出错，返回 EOF	
putchar	int putchar(char ch);	把字符 ch 输出到 fp 所指的文件中	输出的字符 ch。若出错，返回 EOF	
puts	int puts(char *str);	把 str 指向的字符串输出到标准输出设备，将'\0'转换为回车换行	返回换行符。若失败，返回 EOF	
putw	int putw(int w,FILE *fp);	将一个整数 w（即一个字）写到 fp 指向的文件中	返回输出的整数。若出错，返回 EOF	

续表

函数名	函 数 原 型	功　　能	返 回 值	说　　明
read	int read(int fd,char *buf,unsi gned count);	从文件号 fd 所指示的文件中读 count 个字节到由 buf 指示的缓冲区中	返回真正读入的字节个数。如遇文件结束返回 0，出错返回 −1	
rename	int rename(char *oldname, char *newname);	把由 oldname 所指的文件名改为由 newname 所指的文件名	成功返回 0，出错返回 −1	
rewind	void rewind(FILE *fp);	将 fp 指示的文件中的位置指针置于文件开头位置，并清除文件结束标志和错误标志	无	
scanf	int scanf(char *format, args,…);	从标准输入设备按 format 指向的格式字符串所规定的格式，输入数据给 args 所指向的单元	读入并赋给 args 的数据个数。遇文件结束返回 EOF，出错返回 0	args 为指针
write	int write(int fd,char *buf,unsign ed count);	从 buf 指示的缓冲区输出 count 个字符到 fd 标志的文件中	返回实际输出的字节数。如出错返回 −1	非 ANSI 标准函数

4. 动态存储分配函数

　　ANSI 标准建议设 4 个有关的动态存储分配的函数，即 calloc()、malloc()、free()、realloc()。实际上，许多 C 编译系统实现时，往往增加了一些其他函数。ANSI 标准建议在"stdio.h"中。读者在使用时应查阅相关手册。

　　ANSI 标准要求动态分配系统返回 void 指针。void 指针具有一般性，它们可以指向任何类型的数据。但目前有的 C 编译所提供的这类函数返回 char 指针。无论以上两种情况的哪一种，都需要用强制类型转换的方法把 void 或 char 指针转换成所需的类型。

函数名	函 数 原 型	功　　能	返　回　值
calloc	void *calloc(unsigned n,unsigned size);	分配 n 个数据项的内存连续空间，每个数据项的大小为 size	分配内存单元的初始地址。如不成功，返回 0
free	void free(void *p);	释放 p 所指的内存区	无
malloc	void *malloc(unsigned size);	分配 size 字节的存储区	所分配的内存区初始地址，如内存不够，返回 0
realloc	void *realloc(void *p,unsigned size);	将 p 所指出的已分配内存的大小改为 size，size 可以比原来分配的空间大或小	返回指向该内存区的指针

参 考 文 献

[1] 许洪军，王巍. C 语言程序设计技能教程[M]. 北京：中国铁道出版社，2011.

[2] 谭浩强. C 程序设计[M]. 4 版. 北京：清华大学出版社，2010.

[3] 萨日那，孙欢，刘洋. C 语言程序设计教学做一体化教程[M]. 北京：交通大学出版社，2015.

[4] 王侠，陈祥章. C 语言程序设计项目化教程[M]. 北京：冶金工业出版社，2009.

[5] 苏传芳. C 语言程序设计基础[M]. 北京：电子工业出版社，2004.

[6] 汪金营. C 语言程序设计案例教程[M]. 北京：人民邮电出版社，2004.

[7] 徐建民. C 语言程序设计[M]. 北京：电子工业出版社，2005.

[8] 包锋. C 语言程序设计实训能力教程[M]. 北京：中国铁道出版社，2006.

[9] 张福祥. C 语言程序设计[M]. 沈阳：辽宁大学出版社，2007.

[10] 李庆亮. C 语言程序设计实用教程[M]. 北京：机械工业出版社，2008.